Dr. med. vet. Gerd Heuschmann

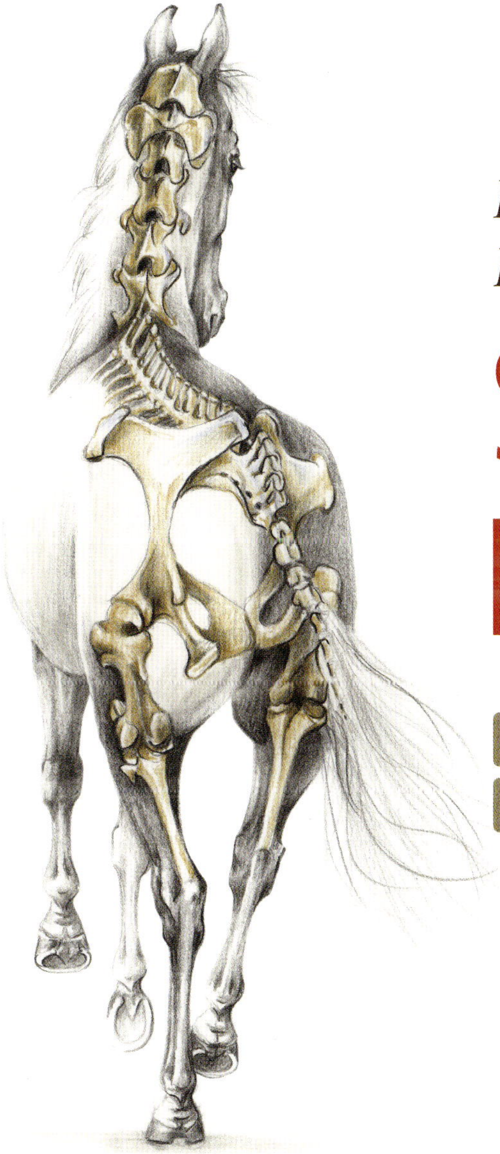

Die Anatomie und Biomechanik von

Stellung und Biegung

Meilensteine auf dem Weg zur korrekten Versammlung

evipo VERLAG

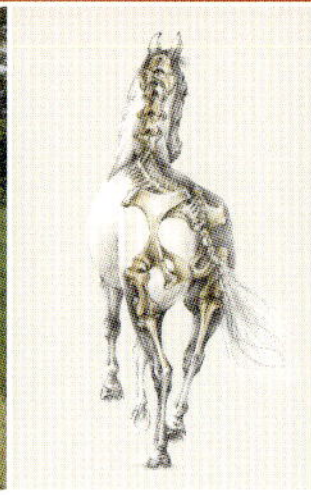

Inhalt

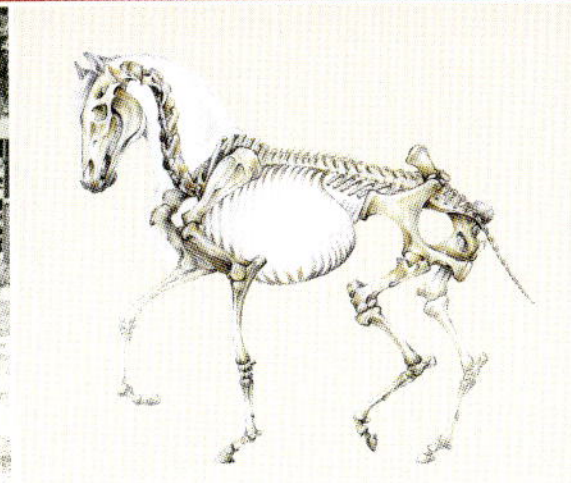

Vorwort *von Klaus Balkenhol*

Bei der Lektüre des neuen Buches von Gerd Heuschmann kam mir als erstes der Name meines Ausbilders bei der Polizeireiterstaffel in Düsseldorf, Otto Hartwich, in den Sinn. Schon vor über 40 Jahren wurde ich durch die Prinzipien der Heeresdienst Vorschrift (H.Dv.12) in ihrer letzten Ausgabe aus dem Jahr 1937 geprägt. Das taktsicher vorwärts gehende Pferd stellte sowohl in unserer Ausbildung im Polizeidienst als auch später in meiner sportlichen Laufbahn die Basis für jede weitere Ausbildung dar. Immer muss ein losgelassen schwingender Rücken zu einer sicheren Anlehnung führen. Den drei ersten, in der Ausbildungsskala verankerten Elementen TAKT, LOSGELASSENHEIT und ANLEHNUNG, stellt Herr Heuschmann den Begriff „Natürliches Gleichgewicht" gegenüber. Beide Varianten beschreiben im Grunde dasselbe: Sie sprechen von einem sicheren Fundament, welches nach ein- bis zweijähriger konsequenter Ausbildungsarbeit eine sichere Grundlage für jedes Reit- und Sportpferd darstellen sollte.

Als hervorstechende Probleme dieser ersten Ausbildungsphase beschreibt Herr Heuschmann zum einen das unzureichende Wissen um die Pferdeausbildung vieler Reiter, außerdem den Mangel an Zeit für dieselbe und den zu frühen Formalismus, der viele Reiter vom richtigen Weg abbringt. Alle genannten Problembereiche führen sehr früh, meist viel zu früh zu einem übertrieben runden Hals mit allen Konsequenzen für das Genick und den Rücken der jungen Pferde. Der fallengelassene Hals mit der Nase vor der Senkrechten ist vielleicht beim modernen Pferd nicht immer sofort zu bekommen, muss aber ein nicht zu diskutierendes Ziel jeder Grundausbildung besonders in den ersten beiden Jahren sein.

Ein stabiler, tragfähiger Rücken als Ergebnis eines taktmäßig rhythmisch trabenden Pferdes, bei dem der Reiter geschmeidig zum Sitzen und Treiben kommt, sind als Basis für die weitere Ausbildung von unschätzbarem Wert.

Die korrekte Biegung, systematisch und sensibel erarbeitet, führt schließlich zum durchlässigen und versammlungsbereiten Pferd.

Die Bedeutung der Biegung auf dem Weg zur Versammlung erfährt durch dieses Buch die angemessene Wertschätzung.

Ich wünschte mir, als jahrzehntelanger Insider der Sportwelt auf allen Ebenen, eine Rückkehr der alleine richtigen und wichtigen Wertmaßstäbe bei der Bewertung von Dressurprüfungen. Wir sollten nicht über eine weitere Verkürzung, Technisierung und zunehmende Abkehr der Überprüfung einer reellen Ausbildung zugunsten eines immer größer werdenden Spektakels nachdenken! Der Weg muss in die entgegengesetzte Richtung beschritten werden, wenn unsere Enkel diesen wundervollen Sport auch noch betreiben können sollen!

Es ist höchste Zeit, die Qualität der DREI Grundgangarten, die Losgelassenheit und die Durchlässigkeit einer Vorführung wieder mit hohem Quotienten vor der Qualität der technischen Ausführung in die Bewertung einzubeziehen! Nur ein korrekt ausgebildetes Pferd sollte gewinnen oder platziert werden können! Eine spannungsgeladene Vorführung sollte immer zu einer schlechten Bewertung führen, egal wie ausdrucksstark sie sein mag!

Anabel Balkenhol auf einem hoch eleganten Nachwuchspferd.

Einleitung

Jeder Reiter träumt von einem leicht zu reitenden, geschmeidigen, bequem zu sitzenden und eleganten Pferd, welches seine Anforderungen an die bevorzugte Disziplin erfüllt. Es soll leistungsbereit, kräftig und gesund sein, dabei freundlich, menschenbezogen und angenehm im Umgang – ein Traumpferd mit anderen Worten.

Zu einem ganz wesentlichen Teil liegt die Erfüllung dieses Traums in unserer Hand. Dafür liegt ein langer, sehr interessanter Entwicklungsweg vor uns und viele emotionale Momente werden diesen Weg begleiten.

Es gibt Tage der Niederlage, der Enttäuschung, aber auch viele voller Zufriedenheit und großer Freude!

Dieser in der Regel viele Jahre, ja sogar Jahrzehnte dauernde, Lern- und Entwicklungsprozess des Reiters versetzt ihn letztlich in die Lage, ein Pferd fachgerecht auszubilden.

Sowohl die reiterliche Praxis im Sattel möglichst vieler verschiedener Pferde als auch konsequentes theoretisches Studium formen im Laufe der Zeit einen erfahrenen einfühlsamen Reiter. Junge Meister gibt es nicht! Auch wenn sich talentierte junge Reiter häufig dafür halten! Wir deutschsprachigen Reitersleute haben einen großen Vorteil gegenüber den Reitern vieler anderer Nationen: Die meisten Publikationen der sogenannten „Alten Meister“ wurden in unserer Muttersprache verfasst.

Die Wiege der vollendeten Reitkunst liegt hier in Europa. Deutschland spielt in diesem Zusammenhang neben Ländern wie Frankreich, Italien, Österreich/Ungarn und Schweden eine herausragende Rolle.

Die Lektüre der Alten Meister des 18. bis 20. Jahrhunderts sowie die geistige Auseinandersetzung mit Autoren wie unter anderem François Robichon de la Guérinière, Alexis-François L´Hotte, Albert-Eugène-Édouard Decarpentry, Ludwig von Hünersdorf, Ernst Friedrich Seidler, Louis Seeger, Gustav Steinbrecht, Bernhard Hugo von Holleuffer, Oskar Maria Stensbeck, Gustav von Dreyhausen, Julius Walzer, Felix Bürkner, Hans von Heydebreck, Otto Lörke, Richard Wätjen sind aus meiner Sicht eine unerlässliche Voraussetzung, will man die klassischen Prinzipien unserer europäischen Reitkultur wirklich verstehen und durchdringen. Während des 18., 19. und 20. Jahrhunderts bis in unsere Zeit hinein wurden aus den unterschiedlichsten Erfahrungen großer und bekannter Persönlichkeiten der Reitkunst Ausbildungssystematiken entwickelt und zu Papier gebracht, die der Natur des Pferdes, seiner Physis und seiner Psyche entsprechen, das heißt, angepasst an seine natürlichen Bewegungen sowie seine Art zu lernen sind. Dieses Wissen bildet einen Leitfaden, der die Ausbildung des Pferdes bis zur höchsten Stufe in Einklang mit

Otto Lörke auf Kronos in Aachen 1937.

Josef Neckermann auf Antoinette in Bad Harzburg 1964.

dem Tier ermöglicht. Die Erkenntnis, dass eine künstliche, im schlimmsten Falle zwanghafte Positionierung des Kopfes und des Halses des Pferdes, also eine Überzäumung (unter anderem Rollkur, Hyperflexion) ebenso wie eine künstliche Aufrichtung (absolute Aufrichtung) immer zu einer Steifheit des Pferdes führen, ist hinreichend erprobt, als nutzlos bewertet und sogar als stark gesundheitsschädigend angesehen worden. Frühere Beispiele solcher grundsätzlicher Fehler findet man unter anderem in Texten oder auf Abbildungen von Paul Plinzner, James Fillis oder François Baucher.

Ist es aus dieser Erkenntnis heraus nicht doppelt fragwürdig, dass im nunmehr 21. Jahrhundert beide Strömungen wieder neu „entdeckt" werden und nicht wenige Anhänger finden?!

Die klassische Dressurauffassung lebt von einem starken und dynamisch nach vorne unter den Schwerpunkt schwingenden Hinterbein! Ziel der Dressur ist es, ein athletisches Pferd mit kraftvollen Vorwärtsbewegungen hervorzubringen, das absolut durchlässig der Hilfengebung seines geschmeidig sitzenden Reiters folgt. Es geht weder um einen Sklaven, der ergeben mit schwebenden Spanntritten irgendwelche Mätzchen in einem „Sandkasten" (Dressurviereck) absolviert, noch um ein Instrument, das zum Aufpolieren des eigenen Egos auf irgendwelchen Showvorführungen dient! Die wahre Reitkunst hat weder Geld und Ruhm noch ein übersteigertes Selbstwertgefühl im Fokus. Ein hervorragendes Dressurpferd ist sicher im Gelände zu bewegen und überwindet willig Hindernisse jeder Art!

Es kann nicht sein, dass es unmöglich ist, ein Weltklasse-Dressurpferd auf dem höchsten Level seiner Ausbildung bei einer Siegerehrung auf dem Veranstaltungsplatz zu halten. Es kann nicht sein, dass dieses dann, begleitet von lauten Hilferufen des Reiter, durchgeht, um den Schauplatz seines „fragwürdigen" Triumpfes im gestreckten Galopp zu verlassen!

Und es kann weiter nicht sein, dass ein Dressurpferd derart aufgespannt ist, dass es zu Hause in seiner eigenen Umgebung nicht an einem neu aufgestellten Blumentopf oder einem vorbeilaufenden Hündchen vorbeizureiten ist!

Alle diese Eigenschaften sind tägliche Realität, an die sich viele Menschen gewöhnt haben. Als Reaktion darauf stellt man aber nicht etwa sein eigenes Tun auf dem Pferderücken in Frage und lernt reiten, sondern die Schuld an diesen Verhaltensstörungen wird dem Pferd zugewiesen. Es müssen deshalb alle Umwelteinflüsse ausgeschaltet werden, damit die „Dressurprinzessinnen" ihr zusammengeschobenes, vor Energie und Stress strotzendes Pferd an den so angsteinflößenden Orten und Ecken in der Reithalle vorbeiquetschen können. Nach Meinung dieser Leute sollte „modernes Pferdedressieren" dann offensichtlich in sterilen fensterlosen Hallen mit weißen, schallgedämpften Wänden stattfinden!? Zwei solcher Reithallen habe ich schon persönlich gesehen!

Diese Fehlentwicklung wurde viel zu spät erkannt! Für zahlreiche Reiter ist ein völlig falsches Bild der Pferdeausbildung, besonders in der Dressur, entstanden.

Täglich sind in Reithallen rund um die Welt bis aufs äußerste aufgespannte, mit auf die Brust gezogenem Kopf gehende Pferde zu sehen, die von einem ebenso verkrampften Reiter durch die Reitbahn gequetscht werden. Das ist weder tiergerecht, noch vereinbar mit unseren ethischen Grundsätzen. Ein Pferd so zu reiten kann unmöglich Freude bereiten und ist nicht zuletzt gefährlich für Mensch und Tier.

Felix Bürkner auf Fortunas 1932. So gelassen sollte sich auch ein Grand Prix Pferd im Gelände bewegen.

Warum lassen wir eine derartige Reiterei also zu?

Wir sollten ab sofort unser Ausbildungs-Bestreben an der Basis nicht an möglichen Turniererfolgen ausrichten! Nein, wir sollten eine massive Aufklärungs- und Ausbildungskampagne starten, die in den Reitvereinen ansetzt und vor allem junge Berufsreiter anspricht! Wir müssen die Reiter zu einem grundsätzlichen Umdenken motivieren.

Für den Leistungs- und Spitzensport in erster Linie in der Dressur (und sicher auch in anderen Disziplinen, die ich nicht selbst reiterlich erfahren habe, wie verschiedene Western Disziplinen, Gangpferdeprüfungen und andere) ist eine Änderung nicht durch Aufklärung sondern nur durch einen politischen

Harry Boldt auf Illusion in Aachen 1971.

Beschluss möglich. Die letzte Besetzung eines hohen Amtes bei der FEI in Lausanne im Jahr 2014 ist in diesem Zusammenhang als höchst fragwürdig, sogar als bedenklich einzustufen!

Wann schaffen wir es, unsere Reitkultur wieder auf gesunde Beine zu stellen? Statt im Spitzensport über eine Verkürzung der Grand Prix Prüfungen nachzudenken, sollten wir unsere Prüfungen so gestalten, dass Durchlässigkeit und Feinheit der Hilfengebung im Fokus stehen. Statt das Halten und andere Lektionen, die den steifen, überspannten „Stramplern" schwerfallen, abzuschaffen, sollte man eher darüber nachdenken, die Schaukel und den Gehorsamssprung wieder einzuführen. Durchlässigkeit und Übergänge sind mit Noten mit besonders hohem Gewicht zu bewerten, Schenkelgänger dürfen abgeklingelt werden, wie Gustav Rau das einst für richtig gehalten hat.

Waldemar Seunig schrieb zu diesem Thema im Jahr 1981 in seinem Buch *Meister der Reitkunst und ihre Wege* auf Seite 63 ff.:

„Der Alles umkehrende Wirbel der ersten zwanziger Jahre [des 20. Jahrhunderts, Anmerkung des Autors] hat auch reiterliche Werte erfaßt. So kam es, daß die Pünktchenrichterei internationales Bürgerrecht gewann. Die Zahlengeometrie als Stütze der Notizen in allen Ehren. Doch wo sie im Künstlerischen das Lebendige tötet und Unwägbarkeiten einander nur im Ziffernmäßigen gegenüberstellt, werden die Konkurrenten zu Marionetten in einem Spiel, das man wie am Reißbrett gezirkelt hat. Auch Decarpentry [aus einem Beitrag über seine Person, Anmerkung des Autors] hat die Richtertabellen der FEI benutzen müssen. Immer aber blieb er sich bewußt, daß eine vornehmlich die Form beobachtende Wertung die Gefahr in sich birgt, daß sich die Reiterwelt dem Sinn der Kunst entfremdet. Wer nur nach Pünktchen richtet, blickt statt auf das Antlitz auf die Handschrift und verkennt dabei die unzertrennliche Einheit von Inhalt und Form."

Machen wir weiterhin aus der Krone der Reiterei ein Zirkusspektakel, geht die gesamte Reitkultur verloren (wenn dies nicht vielleicht schon passiert ist)!

Liebe Verantwortliche und Funktionäre: „Lassen Sie das nicht zu!"

Ihr

20

Diskurs zum Thema „Alte Meister" *der Reitkunst*

Um zum Thema Stellung und Biegung zu einer Aussage zu kommen, ist die Auseinandersetzung mit den Schriften der alten Reitmeister und mit ihrem Gedankengut unerlässlich. Das Rad muss nicht täglich neu erfunden werden – es kann aber durchaus in seinem Aufbau und seiner Machart aufgrund unserer heutigen (technischen) Möglichkeiten deutlich verbessert werden. Gleiches gilt für die Reiterei. Wir wissen heute durch modernste veterinärmedizinische Technik sowie Erkenntnisse aus Physik und Chemie mehr über die Anatomie sowie die Bedürfnisse des Pferdes als je zuvor. Aber das Pferd an sich hat sich – bis auf die deutlichen Verbesserungen seines Exterieurs durch eine ausgewählte Zucht – nicht verändert. Aus meiner Sicht muss in diesem Zusammenhang auf einige sehr wichtige Erfahrungen, die sich aus der Arbeit mit den Texten unterschiedlicher Strömungen in der Reiterei ergeben, hingewiesen werden.

Josef Neckermann auf Antoinette beim CHIO in Aachen 1964.

Eine der wichtigsten Erkenntnisse ist, dass sich weit über 90 Prozent der Autoren vom 18. bis zum Ende des 20. Jahrhunderts in den entscheidenden Grundlagen und Fragen der Pferdeausbildung einig sind! Die bis heute geltenden Prinzipien, verankert in den *Richtlinien für Reiten und Fahren* der Deutschen Reiterlichen Vereinigung (FN), Warendorf, zur Ausbildung eines gesunden und leistungsbereiten Pferdes lassen sich in fast allen Veröffentlichungen namhafter Meister wiederfinden. So ist der Weg, welcher zu einem Pferd mit einem schwingenden Rücken mit durchlässigen Lendenbereich (Lumbosacralgelenk), einem tätigen Maul, einem nachgiebigem Genick sowie einem biegsamen Rumpf führt, bei fast allen Ausbildern und Autoren dieser Zeit sehr ähnlich oder gleich! Das Ziel aller dieser Ausbildungswege war ein durchlässiges und sich versammelndes Pferd.

Die Gruppe derer, die ihre Pferde heute nach unten zwängen und überzäumen, bezieht sich in der Mehrheit nicht auf historische Vorbilder (obschon diese mit James Fillis und Paul Plinzner vorhanden sind) oder klassische Prinzipien. Viele dieser Reiter sind eher nicht belesen oder gebildet, sie reagieren einfach simpel und halten sich ohne nachzudenken am Zügel fest, wenn ihr Pferd beginnt, vom Sitz wegzulaufen. Sie beantworten den Fluchtreflex des Pferdes mit „festhalten und ziehen". Das wiederum ist letztlich nichts anderes als eine Art Angst-Reflex eines nicht gut ausgebildeten Reiters, der dem Fluchtverhalten eines Pferdes auf der Suche nach Sicherheit ähnelt. Ich sehe den Hintergrund der Rollkur in einer eher sehr schlichten Reaktion des Reiters auf das „Weglaufen-Wollen" seines Pferdes, welches sich aufgrund einer anfänglichen Abwehrspannung im Rücken gegen das Reitergewicht einrollt, sich also von selbst überzäumt.

Außerdem spielt der übersteigerte Wunsch nach Selbstdarstellung, der schon ein junges Pferd im Reithallenspiegel gut aussehen lassen muss (beigezäumter Kopf und gerundeter Hals), in diesem Zusammenhang eine nicht zu unterschätzende Rolle (die modernen Remonten bieten es ja an!?).

Paul Stecken (98 Jahre alt, letzter Ausbilder von Dr. Rainer Klimke sowie prägender Weggefährte unter anderem von Ingrid Klimke) formulierte im Anschluss an einen meiner Vorträge über die Biomechanik des Reitpferdes folgende Frage: „Lieber Herr Heuschmann, das ist ja alles gut und schön, aber [...] wie wollen Sie unseren jungen Reitern von heute erklären, dass sie die wundervollen Hälse, die unsere modernen Pferde von Anfang an anbieten, zu Beginn der Ausbildung auf keinen Fall annehmen dürfen?"

Paul Stecken bringt die zentrale Problematik unserer Zeit in diesem kurzen Statement auf den Punkt. Die gröbsten Ausbildungsfehler geschehen in den ersten zwei Jahren und zwar aus der oben beschriebenen Sicht: Zu frühes aktives Beizäumen von Kopf und Hals oder das anfängliche Akzeptieren des „Sich-Einrollens". Auch trägt meiner Meinung nach besonders die Übertreibung von Bodenarbeit dazu bei, dem jungen Pferd den Willen und die Fähigkeit zu nehmen, energisch vorwärts zu gehen!

Konstruktive Kontroversen

Die Lektüre der Alten Meister beinhaltet weitere interessante Erfahrungen. So einig sie sich in grundsätzlichen Fragen über den Weg und das Ziel waren, so konträr stellen sich teilweise ihre Ansichten in manchen Detailfragen dar. Sie diskutierten ihre Positionen häufig kontrovers und gingen zum Teil hart miteinander ins Gericht.

Ein schönes Beispiel für eine, wie ich meine, konstruktive Meinungsverschiedenheit zwischen Gustav Steinbrecht und Hans von Heydebreck aus dem *Gymnasium des Pferdes* von Gustav Steinbrecht, Seite 94, möchte ich an dieser Stelle zitieren: Steinbrecht:

„[...] Es ist unter allen Umständen leichter und dankbarer, einen zu tief gestellten und unterzäumten Hals auf und gerade

zu richten, als einen verkehrten und zu hoch aufgerichteten herunter zu stellen und zu biegen."

Von Heydebreck kommentiert dies in einer Fußnote:

„Dieser Ansicht kann nur bedingt zugestimmt werden, denn die gesamte Bearbeitung des Halses geht stets Hand in Hand mit der Bearbeitung der Hinterhand. Von ihrer Bauart wird es daher in erster Linie abhängen, ob es gelingt, dem Hals diejenige Richtung zu geben, die eine richtige Anlehnung und damit eine durchgreifende Wirkung der Zügelhilfen gewährleistet. Zu tief gestellte und unterzäumte Hälse beeinträchtigen aber stets die Gewinnung des Gleichgewichts und der Selbsthaltung, der wichtigsten Forderung, die man an ein Reitpferd stellen muß."

Die genannte Literatur ist gefüllt mit derartigen konstruktiven Kontroversen, nicht zu sprechen von grundsätzlicher, fachlich begründeter Ablehnung wie zum Beispiel von Gustav Steinbrecht gegenüber François Baucher. An derartigen Diskussionen hat sich – zum Glück – bis heute nichts geändert. Gerade aus diesen Disputen heraus ergeben sich hochinteressante Antworten und Erkenntnisse zum Verständnis der Zusammenhänge klassischer Pferdeausbildung. Verschiedene Prozesse lassen sich so anschaulich in der Literatur nachvollziehen und mit Hilfe der Anatomie und der verwandten Biomechanik physiologisch einleuchtend erklären. Fachlich-sachliche Auseinandersetzungen können aus meiner Sicht jedoch nur hilfreich und konstruktiv sein, wenn auf beiden Seiten große praktische Erfahrung und Kenntnis der entsprechenden Literatur vorhanden sind. Es ist ungeheuer spannend zu erkennen, dass vor ziemlich genau 100 Jahren Dispute stattgefunden haben, die wir aus unserer Zeit kennen, so zum Beispiel die Frage: „Wo sitze ich als Reiter in der Lektion Schulterherein?"

Die Auseinandersetzung mit dieser Thematik führte Anfang des 20. Jahrhunderts zu einer eindeutigen und klaren Antwort (auf die ich später noch näher eingehen werde), die in allen Einzelheiten begründet und aus der Anatomie von Pferd und Reiter hergeleitet ist.

Gerade vor dem Hintergrund dieser Erkenntnis ist es erschreckend, dass heute genau die gleichen Grundsatzdiskussionen von Neuem geführt werden, man also offensichtlich aus der Geschichte nicht gelernt hat, nicht lernen will oder aber sowieso alles besser weiß?

Der Reiter an sich neigt leider zu Dogmatismus und zu „Gurugläubigkeit". Reiten ist eine derart komplexe Kunst (Sport?), dass Perfektion, wenn überhaupt möglich, erst nach vielen Jahrzehnten der Übung und anstrengender Arbeit an sich selbst sowie mit einer großen Zahl von Pferden erreicht werden kann. Das bedeutet, dass schnelle Erfolge unmöglich und mit der Natur und den Bedürfnissen des Pferdes unvereinbar sind. Es bedeutet auch – selbstkritisch zu sein – etwas, was uns Menschen in einer von Erfolg als Wertemaßstab gekennzeichneten Welt schwerfällt.

So mancher Reiter trägt die Nase eher etwas höher. Lieber einmal kräftig „auf den Putz gehauen" als Fehler einzugestehen oder einem anderen Recht zu geben. Es ist dies ein zutiefst menschliches Problem, was wir im Sinne unserer Pferde aus unserem Leben verbannen sollten! Besonders, wenn wir schon viele lange Jahre im Sattel gesessen haben, fällt es uns nicht mehr so leicht, offen zu diskutieren und zu lernen. Aber Reiten ist immer ein Lernen – ein Offensein für das Pferd, jeden neuen Tag und jede neue Zeit mit ihm. Je offener der Reiter für die Bedürfnisse und das Befinden seines Pferdes ist, je mehr er von ihm und von anderen zu lernen bereit ist, desto mehr Freude und Erfolge wird er auf dem gemeinsamen Weg mit seinem Pferd zurückbekommen.

Wir müssen experimentierfreudig sein und bleiben, sonst stecken wir früher oder später im Gefängnis unserer Eitelkeit und Selbstüberschätzung fest. Pferde reagieren auf psychische Steifheit und Dogmatismus langfristig genauso wie auf eine körperliche Steifheit des Reiters. Sie verschließen sich und lassen uns nicht wirklich harmonisch „eins" mit ihnen werden!

Als Folge bleibt der Reiter als Passagier „oben drauf" sitzen. Er wird dann den Weg zum geschmeidigen Schwingen mit dem Pferd, den Weg zu Harmonie zwischen ihm und seinem Pferd nicht finden!

> **Merke**
>
> Der Charakter und die Geisteshaltung eines Menschen sowie seine Geduld und sein Durchhaltevermögen sind der Schlüssel zu wirklich guter Reiterei.

Wo soll es hingehen oder warum ist der Weg das Ziel?

Der Weg von einem Pferd im horizontalen Gleichgewicht hin zu einem versammelten Pferd führt nur über den Weg der korrekten Biegung. Die biomechanischen Hintergründe dieses wichtigen Trainingsbausteins sollen hier erstmals schriftlich erläutert werden. Die reiterliche Notwendigkeit sowie deren Entwicklung sind seit dem 19. Jahrhundert bekannt, das „Warum" wurde jedoch noch nicht tiefgründig erklärt.

Letztlich lassen sich diese Ziele, wie bereits erwähnt, nur nach jahrelanger, ja jahrzehntelanger Erfahrung und Entwicklung als Reiter erreichen. Aber jeder winzige Schritt auf diesem Weg ist ein Erfolgserlebnis, das man lernen kann, zu genießen und das man als Ansporn zu nehmen vermag, weiterzumachen.

Für sehr erfahrene Reiter, welche die Gelegenheit haben, über Jahre hinweg viele verschiedene Pferde zu erfühlen, lassen sich bestimmte Ausbildungssysteme identifizieren. So findet man zum Beispiel bei ein und derselben „Schule" bei nahezu allen Pferden

Ein Pferd iberischer Rasse in einer korrekten Dehnung.

Die dargestellte Fuchsstute dehnt sich in korrekter Weise mit Zug zur Hand. Das Pferd geht mit leicht hoher Kruppe.

immer verspannte Rücken, „tote Mäuler" und lose instabile, schlecht bemuskelte Hälse, die auf massive Gleichgewichtsprobleme beim Pferd schließen lassen. Es zeigt sich aus diesen und ähnlichen Erfahrungen, dass es nicht möglich ist, ein sogenanntes neues, vermeintlich besseres Ausbildungssystem zu präsentieren, welches bei der Pferdeausbildung in seinen Kernprinzipien von den Erkenntnissen der Alten Meister der Klassischen Dressur abweicht und die anatomischen Voraussetzungen sowie die Natur des Pferdes nicht berücksichtigt. Erhebliche negative Effekte auf diese andersartig ausgebildeten Pferde sind unausweichlich.

Eine weitere Ursache dafür, dass dieser Disput um Ausbildungssysteme erneut aufflammt, ist die Tatsache, dass wir hier in Europa und vielerorts weltweit seit etwa 40 Jahren zunehmend mehr mit nicht heimischen Pferderassen konfrontiert werden. Fast jede Pferderasse hat sich historisch auf der Basis ihrer Nutzanwendung in ihrem Ursprungsland oft über Jahrhunderte entwickelt. Viele dieser Nutzungsarten, die eine Pferderasse und ihre Ausbildungssystematik historisch geprägt haben, gibt es nicht mehr oder sie sind in den Hintergrund getreten

Diese Entwicklung bedingt, dass andere Rassen in das klassische europäische Ausbildungssystem verbracht und im Turniersport gezeigt werden sollen. Oder aber es werden Ausbildungsprinzipien, die vor einigen Jahrzehnten noch der Ausbildung von Gebrauchs- oder Arbeitspferden dienten, einfach umbenannt und als „Dressurausbildung" bezeichnet, obwohl sie nichts mit dieser zu tun haben. Ein wohl allseits bekanntes Beispiel dafür ist der Umstand, dass wir in den letzten Jahren zunehmend mehr mit ibe-

Ein Cutting-Pferd bei der Arbeit. In den Gebrauchsreitweisen wünscht man sich ein Pferd mit einem tiefen Schwerpunkt, welches hoch beweglich ist.

rischen Pferden konfrontiert werden, die im Gleichgewicht (unter dem Reiter) ihrer Tradition und Geschichte als Stierkampf- und/oder Arbeitspferde nun im Norden Europas als Dressurpferde gezeigt und vorgestellt werden. Das Gleichgewicht der Mehrzahl dieser Pferde ist jedoch ein anderes als das eines klassischen Dressurpferdes. Bei diesen in iberischer Tradition gerittenen Pferden steht nicht der Takt, die Losgelassenheit, eine stete Anlehnung, die Durchlässigkeit und der Schwung im Zentrum der Ausbildung, sondern die ausdrucksvolle absolute Aufrichtung und die Beweglichkeit. Halbe Paraden mit sich senkender Kruppe, ein schöner Bergauf-Galopp in Selbsthaltung und ein korrektes Schulterherein im Galopp sind nicht möglich, da die Position des Rückens keine Rumpfbiegung zulässt. Die traditionelle Reitkunst der iberischen Halbinsel kennt keine Dressur und die nordeuropäische keinen Stierkampf und keine Rinderarbeit. Es wäre nicht sinnvoll, bei der Ausbildung eines nordamerikanischen „Cow Horse" zuerst den Takt und später den Schwung entwickeln zu wollen! Nur, weil einem Pferd im jugendlichen Alter das diagonale Heben der Füße (sogenannte Piaffe!) andressiert wird, ist es lange noch kein Dressurpferd!

Zahlreiche Reiter beispielsweise von Pferden iberischer Rassen oder von Gangpferden suchen heute einen Platz und/oder eine Identität in der Vielschichtigkeit der Pferdeszene.

Die Zahl der Reiter, die ein Pferd nur zu dem Zweck „ausbildet", um in möglichst kurzer Zeit eine in ihren Augen sogenannte „Piaffe" ausführen zu können, wächst unaufhörlich. Gelingen diese andressierten Tritte mehr oder weniger, hält man sich bereits für einen Meister der klassischen Dressur, obwohl die meisten von ihnen nicht einmal in der Lage sind, eine geschmeidige halbe Parade vom Galopp zum Trab oder in den Schritt oder einen versammelten Galopp in Selbsthaltung und schon gar keinen getragenen Kontergalopp oder ein Schulterherein im Galopp zu reiten. Die Antwort auf dieses Unvermögen lautet dann nicht selten, man könne oder dürfe keinen Kontergalopp reiten oder

Schulterherein im Galopp sei nicht möglich oder nicht richtig und Ähnliches. Das Unvermögen oder Nicht-Verstehen wird kurzerhand zur privaten Lehre gemacht, um diese dann im nächsten Schritt als allgemeingültig an den Mann beziehungsweise den Schüler zu bringen.

Mit Demut und Bescheidenheit

Diese Tatsachen und Behauptungen zeigen sehr deutlich, dass die Ausbildungssysteme der historisch gewachsenen Arbeitsreitweisen, mit der auf der H.Dv.12 (*Heeresdienst Vorschrift 12*, letzte Ausgabe 1937) basierenden Systematik der Richtlinien für Reiten und Fahren nicht übereinstimmen und deshalb mit dem Begriff der Klassischen Dressurausbildung nichts gemein haben.

Gelegentlich glauben diese Reiter sogar, sie würden die „vollendete Reitkunst" präsentieren. Man hört von „Meistern", die im Alter von 50 Jahren 500 Pferde zur Vollendung ausgebildet haben wollen!? Wie soll das gehen, wird sich der eine oder andere fragen? Rechnen wir doch zum Spaß einmal nach: Zehn Pferde täglich zu reiten, ist schon für einen Profi eine enorme Herausforderung, wird aber häufig so gehandhabt. Ein Pferd bis zur Grand-Prix-Reife zu führen, benötigt rund acht Jahre. Beginnt der Reiter im Alter von 20 Jahren mit zehn Pferden täglich zu arbeiten (wobei bezweifelt werden darf, dass ein Zwanzigjähriger schon so zu reiten vermag, aber das sei einmal dahingestellt), so hat er mit 28 Jahren 10 Pferde ausgebildet. Mit 36 Jahren sind es dann 20 Pferde – den Rest können Sie selbst errechnen. 500 Pferde zur Vollendung ausgebildet? Unmöglich!

Warum dann also eine solche Behauptung? Wieder liegt die Antwort vermutlich in der Natur des Menschen und in seinem Wunsch begründet, bedeutend zu sein.

Die Demut und die Bescheidenheit, zu der man sich automatisch hin entwickelt, wenn man sich der Aufgabe stellt, die klassische Pferdeausbildung wirklich verstehen und erlernen zu wollen, scheinen manchen Mitmenschen nicht gegeben zu sein oder die Angst vor einem Versagen ist größer als das Eingestehen der eigenen Unvollkommenheit.

Mangelndes Wissen um die langjährige mühsame und korrekte Gymnastizierungsarbeit eines Reitpferdes, welche uns hin zu Gleichgewicht, Geraderichtung, Schwung, der korrekten Biegung und schließlich zu Durchlässigkeit und Versammlung führen, tritt hier offen zutage.

Solange in dieser Welt des „Sich-selbst-Zelebrierens" die Pferde nicht missbraucht werden, ist letztlich nichts dagegen einzuwenden.

Ein guter Reiter wird nie vergessen, dass der Weg nicht nur ein langer, sondern auch das Ziel ist und dass jedes theoretische Wissen einen praktischen Nutzen und Effekt haben wird. Und dass jede Bemühung um die korrekte Ausbildung des Pferdes entsprechend der Klassischen Grundsätze immer zum Wohle des Pferdes sein wird und Pferd und Reiter Schritt für Schritt zu immer mehr Harmonie führt.

Stellung und Biegung in der klassischen Reitliteratur

Um schließlich die Bedeutung der korrekten Biegung, den Kern dieser Abhandlung, auf dem Ausbildungsweg deutlich zu machen, möchte ich noch einige Zitate die diesen Zusammenhang klar belegen, einfügen. Aus den nachstehenden Texten wird dem Leser noch einmal die Wichtigkeit des Themas Biegung und vielleicht der Auslöser zu diesem Büchlein vor Augen geführt.

So schreibt Gustav Steinbrecht in *Das Gymnasium des Pferdes* auf Seite 115 unten:

„Die richtig und wohlbegründet ausgebildete Rippenbiegung oder Seitenbiegung des Rückgrats ist eine Haupteigenschaft des gut gerittenen Pferdes [...]".

Neben Steinbrecht ist auch bei von Heydebreck in seinen Kommentaren im *Gymnasium des Pferdes* zu lesen, dass erst die richtige Seitenbiegung die wahre Losgelassenheit hervorbringe!

Die Geschmeidigkeit in den Rippen stellt eine der wichtigsten Voraussetzungen für die Durchlässigkeit des Pferdes dar. Nur mittels der Biegung können alle reiterlichen Widerstände im Pferdekörper beseitigt werden! Nur durch sie können die Hanken des Pferdes gebeugt werden:
Deshalb weiter auf Seite 116 oben:

Josef Neckermann auf Asbach in Hamburg 1958. Hier sieht man die aus dem Sitz entwickelte Stellung und Biegung.

„Mit ihrer Hilfe kann der Reiter in allen diesen schwierigen Lektionen das innwendige Hinterbein belasten und die Vorhand entsprechend vorgerichtet erhalten, damit die Wirkung beider Hinterbeine gleichmäßig und ungeschwächt gegen die Vorhand gerichtet bleibt. Die Rippenbiegung bildet daher mit die Seele der Reitkunst, [...]."

oder auf Seite 139 ff.:

> *„Biegung und Selbsthaltung sind die Quelle der Gewandtheit des Pferdes. […] Es handelt sich aber hierbei nicht allein um die Seitenbiegung der ganzen Wirbelreihe, sondern mehr noch um die Biegsamkeit der Hinterschenkel. […].“*

Gustav Steinbrecht beschreibt damit den Bezug zwischen der Längsbiegung und der versammelnden Arbeit, der Hankenbeugung. Weiterhin sieht er die Seitenbiegung als

> *„Mittel zum Zweck […] um die Hinterhand biegsam zu machen.“*

Hans von Heydebreck, er hat diese Ausgabe von *Das Gymnasium des Pferdes* überarbeitet und an zahlreichen Stellen kommentiert, schreibt in seiner Fußnote auf Seite 140:

> *„Immerhin vermittelt uns seitliche Biegung allein Losgelassenheit, also Abspannung aller Gelenke und Muskeln, und damit Geraderichtung, schwunghaften Gang, federnde Rückentätigkeit, Gleichgewicht, Selbsthaltung.“*

Von Heydebreck stellt hier die Wichtigkeit der Längsbiegung heraus. Alle Punkte der Ausbildungsskala, auch die, die als Voraussetzung zur Biegung anzusehen sind, werden nochmals verbessert. Auch der Begriff der „Losgelassenheit“ bezeichnet einen Zustand des Pferdes unter dem Sattel, der kontinuierlich verbessert werden kann. Dieser Prozess führt an sich schnurgerade hin zu Durchlässigkeit, Biegung, Versammlung und erst dadurch werden Brillanz des Ganges und die Geschmeidigkeit des gesamten Pferdekörpers erreicht.

Merke

Als wichtigste Schlussfolgerung aller aufgeführten Zitate lässt sich also ableiten:
Ohne korrekte Längsbiegung gibt es keine Durchlässigkeit und damit keine echte Versammlung!

Waldemar Seunig führt in seinem Buch *Von der Koppel bis zur Kapriole* auf Seite 128 ff. zu diesem Thema Folgendes auf:

> *„Ohne Geraderichtung, die der Schlüssel zu vollkommenem Gleichgewicht und damit zur sicheren Selbsthaltung ist, gibt es keinen ungehindert von rückwärts nach vorn durch den Körper flutenden Schwung, darum keine wirkliche Durchlässigkeit oder gar Versammlung. Auch ist es nur die geraderichtende Biegearbeit, die sich jedem Einzelfall anzupassen hat und auf die in späteren Abschnitten eingegangen werden soll, die den Rücken endgültig löst.“*

Die endgültige Losgelassenheit sowie Durchlässigkeit und Versammlung sind also von einem durch den Körper flutenden Schwung abhängig und auch die Bedeutung des gelösten Rückens hebt Waldemar Seunig hier deutlich hervor. Dieser Zustand wiederum ist nur durch konsequente Biegearbeit zu erreichen!

Moderne, sehr bewegliche Pferde gaukeln diesen Zustand nicht selten durch elastisch scheinende Schwebetritte vor! Die Hinterhand ist dabei jedoch meist langsam, träge und bleibt oder wird über die Zeit impulslos – der schöne Schein bleibt ein Trugbild!

Die Biegung ersten und zweiten Grades

Der Entwicklungsprozess der Biegung wird von Waldemar Seunig in *Von der Koppel bis zur Kapriole* in zwei Stufen eingeteilt. Er spricht von der Biegung ersten und von der Biegung zweiten Grades (Seite 129 oben):

„Die Bezeichnung Biegung ersten Grades oder indirekte Biegung wird ohne weiteres verständlich, wenn man sich darüber im Klaren ist, daß sich der Uranfang jeder Längsbiegung aus der Streckung der äußeren Seite ergeben soll. Biegungen ersten Grades stehen am Anfang der Biegearbeit und werden so lange angewendet, bis das Pferd mit dem Weichen auf den inneren Schenkel vertraut ist. Sie sind also das Leichtere, weil dabei hauptsächlich nur innerer Schenkel und Zügel, sich gegenseitig unterstützend, eine Rolle spielen, ohne daß schon eine namhafte Gegenwirkung der äußeren Hilfen stattfinden darf. Erfolgt nun eine gradweise Steigerung der Biegung ersten Grades, die bisher nur den Zweck verfolgte, zu lösen und die Gewichtsverteilung der beiden Körperhälften ausgleichend, d.h. geraderichtend, die Erhaltung des Gleichgewichts zu fördern, entsteht daraus die Biegung zweiten Grades, die insofern direkt ist, als sie, wenn auch ohne jede Kraftanwendung, durch direkte Einwirkung des äußeren Schenkels und Zügels um den inneren Schenkel herum als Stützpunkt, hervorgerufen wurde. So etwa, wie man einen Stab um das Knie biegt. Würde man ein noch rohes Pferd gleich zu Beginn auf diese Weise direkt biegen wollen, so würde es förmlich zerbrechen. Die Biegungen zweiten Grades sind also die schwierigeren, weil innere und äußere Hilfen in Einklang gebracht werden müssen und das Schulterherein und die traversartigen Stellungen, die eine direkte Biegung erfordern, bereits versammelnde Übungen sind."

Fassen wir noch einmal zusammen: Die Biegung ersten Grades stellt einen passiven Dehnungsprozess der jeweiligen äußeren Rumpfseite dar. Ein nachgebender äußerer Zügel (nur möglich, wenn das Pferd in sicherer Anlehnung an beide Zügel geht) spielt dort die zentrale Rolle! Die Biegung zweiten

Natürliches Gleichgewicht in guter Anlehnung – eine Voraussetzung für korrekte Biegung.

Grades ist eine direkte/aktive Biegung, bei der das Pferd um den weich aber konsequent anliegenden inneren Schenkel gebogen wird – dies setzt eine solide Führung am äußeren Zügel und einen wirksamen und richtig platzierten äußeren Schenkel (circa handbreit hinter dem Sattelgurt) voraus.

Der Versuch, eine direkte Biegung durch „Quetschen" mit den Schenkeln bei einem jungen oder steifen Pferd erreichen zu wollen, führt immer zum Verlust des Gleichgewichtes, der korrekten Anlehnung und letztlich zu einer gesundheitlichen Schädigung des Pferdes. Die Erarbeitung korrekter Biegung setzt viel Erfahrung und Gefühl voraus. Sie muss systematisch entwickelt werden. Man kann sie nicht einfach einfordern!

Die wichtigste Voraussetzung, um mit der Biegearbeit beginnen zu können, ist die feste Begründung eines taktmäßigen Vorwärtsimpulses, der in einer sicheren Anlehnung mündet. Ohne diese starke, rhythmische und schwunghafte Vorwärtsbewegung im Trab und im Galopp kann man ein Pferd weder biegen, noch durchlässig machen, noch versammeln.

Gustav Steinbrecht beschreibt diesen Entwicklungsprozess in seinem *Gymnasium des Pferdes* auf Seite 140 ff. folgendermaßen:

„Übungen im Wenden müssen stets danach abgemessen werden, in wie weit das Pferd mit der Hinterhand zu folgen, also zu stützen vermag. Ist die Gehlust groß, also die Schubkraft von Natur aus gut entwickelt [nicht mit vorwärts rennen zu verwechseln!, Anmerkung des Autors], so beginne man bald damit, sie auf einem größeren Kreis zu mäßigen, indem man die ihm entsprechende Seitenbiegung und stärkere Biegung des inneren Hinterbeines fordert. Ist dies

Frage

1. Warum ist für junge Pferde das Galoppieren auf engen Wendungen (Zirkel) belastend?

Weil das junge Pferd die für eine enge Wendung geforderte Tragkraft noch nicht besitzt, besonders im Galopp. Derartige Arbeit würde das Pferd sehr schnell auf die Vorhand bringen und das Gleichgewicht zerstören! Der natürliche Vorwärtsdrang des Pferdes würde massiv gestört.

2. Warum empfiehlt sich für das Galoppieren mit jungen Pferden eher das Gelände?

Dort kann die Remonte im schwungvollen Galopp die Hinterhand kräftigen und ihr natürliches Gleichgewicht stabilisieren. Der sogenannte natürliche Vorwärtsdrang wird gefördert.

3. Wie kann eine Galopparbeit mit dem jungen Pferd in der Bahn aussehen?

In der Bahn muss zunächst im natürlichen Trab sichergestellt werden, dass die Remonte nicht in jeder Wendung aus dem Gleichgewicht kommt. Die Ecken müssen angemessen abgerundet werden und zwar so weit, bis sich das junge Pferd nicht mehr mit dem Rumpf gegen den inneren Reiterschenkel stemmt und auf keinem Fall auf den inneren Zügel kommt. Ausbildungsziel sind dabei das Arbeitstempo und der Takt, sodass eine solide Anlehnung entstehen kann. Als nächstes werden der Mitteltrab und die Übergänge zwischen Arbeits- und Mitteltrab entwickelt, bevor mit der eigentlichen Arbeit im Galopp begonnen werden sollte.

4. Warum ist der Galopp an der Longe oder das Ausbinden und die von vielen Ausbildern erzwungene „Stellung und Biegung" kontraproduktiv oder gar gesundheitsschädigend?

Aus meiner Sicht dürfen bei der Remonteausbildung keine zwanghaften Kopfpositionen abgefragt werden. Auch eine mechanisch erzwungene Innenstellung wäre falsch! Wenn Ausbinder verwendet werden, dann nur so, dass die Remonte sie bei entsprechender Halsdehnung erreichen kann, wenn sie an das Gebiss herantritt. Es darf auf keinen Fall eine künstliche und mechanische Genick- und Halsrundung erzwungen werden. Gegen Galopp an der Longe habe ich nichts, solange die Balancestange „Hals" zur freien Verfügung steht. Beim Korrekturpferd kann der Galopp am Kappzaum oder sogar das Springen am Kappzaum an der Longe sehr hilfreich sein. Galopp an der Longe spielt aber bei der Remonteausbildung aus meiner Sicht nur eine untergeordnete erzieherische Rolle.

Der fallengelassene Hals ist der einzige Weg zum Rücken. Leichte Stellung und beginnende Rippenbiegung sind erkennbar.

nicht der Fall, so müssen Anlehnung und Trieb nach vorwärts zunächst auf geraden Linien sicher begründet werden. [...] Wie der ungeübte Reiter durch falsche Wendungen geradezu hemmend auf den Gang eines Pferdes einwirkt, so wird der geschickte Reiter durch ihre richtige Anwendung den Gang nur mäßigen und ordnen."

Steinbrecht macht hier den Grad (das Maß) der Biegung davon abhängig, wie viel das betroffene innere Hinterbein zu stützen in der Lage ist. Da, wie wir mittlerweile wissen, die Biegung den hankenbeugenden Druck auf das innere Hinterbein erhöht und dieser mit zunehmender Biegung größer wird, muss der Reiter immer darauf achten, den Biegungsgrad sorgfältig zu bemessen, da das inwendige Hinterbein sonst ausweicht und sich entzieht. Es fußt dann am Schwerpunkt vorbei und die Biegung geht verloren. Häufig zu sehen ist diese Ausweichbewegung, wenn gewollt oder ungewollt falsch verstandene, schenkelweichenartige Ausfall-Bewegungen der Hinterhand entstehen! Andere Pferde entziehen sich, indem sie ihren natürlichen Wunsch vorwärts zu gehen, verlieren. Die Hinterhand bleibt zurück, sie schwingt nicht mehr durch und die korrekte geschmeidige Anlehnung geht verloren. Das Pferd verliert sein Gleichgewicht und beim genauen Hinsehen erkennt man, dass als Folge der Widerrist/Brustkorb zwischen den Schulterblättern absinkt. Das Pferd wird zum Schenkelgänger.

Die enorme Bedeutung korrekter Biegung für die Ausbildung eines Pferdes ist hiermit exemplarisch durch zwei der wichtigsten Autoren des 19. und 20. Jahrhunderts eindrucksvoll belegt.

Voraussetzungen *für eine korrekte* Stellung und Biegung

Aufgrund meiner ausführlichen Beschäftigung mit den Schriften der Alten Meister sowie meinen eigenen praktischen Erfahrungen bin ich zu einer Erkenntnis gekommen, die man wie folgt formulieren könnte:

Ohne horizontales Gleichgewicht gibt es weder Schwung, noch Geraderichtung, noch Biegung, noch Durchlässigkeit, noch Versammlung! Aber was ist dieses „horizontale Gleichgewicht" aus anatomischer und biomechanischer Sicht?

Wieso lassen sich all die beschriebenen Merkmale eines gut gerittenen Pferdes nur in diesem Gleichgewicht erreichen?

Der Schlüssel zu diesem Gleichgewicht verbirgt sich in den ersten drei Punkten der Ausbildungsskala. Natürlich sei an dieser Stelle noch einmal gesagt, dass das hier angesprochene Gleichgewicht den Reiter betrifft, der sein Pferd schwungvoll und durchlässig machen möchte. Ist ein sensibel gerittenes Arbeitspferd das Ziel der Ausbildung, gelten diese Prinzipien natürlich nicht! Die biomechanischen Hintergründe dieser Zusammenhänge, die auf der H.Dv.12/Richtlinien basieren, möchte ich im folgenden Kapitel herleiten.

Modernes, junges Sportpferd in einer Traversale. Stellung und Biegung sind altersentsprechend erarbeitet.

Das horizontale Gleichgewicht – das Fundament für den weiteren Ausbildungsweg

In der Remonteausbildung steht als erstes Ziel das Wiederherstellen des natürlichen Gleichgewichtes im Mittelpunkt. Dieses geht zunächst einmal durch die unnatürliche Be-

Ein schwungvoller Galopp, bei dem das Pferd sichtbar an den Hilfen der Reiterin steht und von diesen eingerahmt wird.

lastung des Pferdrumpfes mit dem Aufsitzen eines Reiters verloren und das erste Ziel wird sein, das ursprüngliche Gleichgewicht wieder herzustellen. Dieser Vorgang soll in den ersten Wochen (zwei bis drei Monaten) der Ausbildung unter dem Reiter stattfinden.

Aus Sicht des Reiters könnte dieser erste Ausbildungsschritt wie folgt beschrieben werden: Der Reiter möchte die Rolle des Fremdkörpers auf dem Rücken eines Pferdes loswerden. Er hat das Ziel, sich der Bewegung des Pferdes so perfekt wie möglich anzupassen und diese in keiner einzigen Phase zu stören.

Hierzu bedarf es sehr großen Einfühlungsvermögens vonseiten des Reiters. Es darf auf keinen Fall künstlich, vor allem durch Zügeleinwirkung, eine äußere Form erzwungen oder eine falsche (eingerollte) akzeptiert werden. Wie in der *H.Dv.12* beschrieben, soll das junge Pferd in dieser Phase lernen, mit langem Halse und hängender Nase in einem natürlichen Tempo im Trab vorwärts zu gehen. Sitzt der Reiter auf einem zwanglos gehenden Pferd, hat er das „Natürliche Gleichgewicht“ des Pferdes zurückerlangt. Erst wenn das Pferd nach etwa einjähriger Ausbildung die unten genannten Kriterien sicher erfüllt, befindet es sich im sogenannten „Gebrauchs- Arbeits- oder Grundgleichgewicht“. Diese Begriffe werden synonym gebraucht.

Die *H.Dv.12 (Heeresdienst Vorschrift)* in ihrer letzten Ausgabe aus dem Jahr 1937 spricht vom sogenannten „Gebrauchsgleichgewicht". Dieses Gebrauchsgleichgewicht definiert einen Zustand bei einem Pferd, der es erst zu einem „Reitpferd" macht. Erst in diesem Gleichgewicht kann ein Pferd seinen Reiter zwanglos tragen und gleichzeitig geschmeidig seine treibenden und verhaltenden Hilfen annehmen. Man sagt auch, „das Pferd steht an den Hilfen".

Die äußeren Zeichen des Gebrauchsgleichgewichtes sind:

- Die Fähigkeit des Pferdes, sich in allen drei Grundgangarten (GGA) ungestört und frei unter einem Reiter zu bewegen. Die GGA sind in ihrer Fußfolge natürlich und rein! Das Pferd bewegt sich mit natürlichem Schwung!
- Der Pferdehals wird frei und natürlich mit sanft konvex gewölbter Oberlinie getragen. Die Pferdenase ist vor der Senkrechten.
- Der Reiter sitzt harmonisch in der Bewegung des Pferdes, ohne störend auf das Pferd (dessen Rücken und Maul) einzuwirken. Das Pferd lässt den Reiter harmonisch sitzen. Es nimmt ihn im Trab und Galopp mit, dabei wischt das Gesäß des Reiters den Sattel von hinten nach vorne aus!
- Das Pferd geht in sicherer, konstanter, ruhiger und geschmeidiger Anlehnung. Das Genick des Pferdes ist entspannt und wird nicht starr durch die Reiterhand beigezäumt. Das Pferd geht mit offenem Genickwinkel, das heißt, es rollt sich nicht ein, der Kopf-Hals-Übergang ist in keiner Weise eingeengt, die Ohrspeicheldrüse nicht gequetscht, die Nasenlinie befindet sich vor der Senkrechten, das Genick des Pferdes ist der höchste Punkt.
- Das Pferd bewegt sich in freiem, ungezwungenen Schritt in einem sicheren Viertakt ohne zu eilen oder triebig zu sein; im Trab bewegt es sich in einem klaren Zweitakt ohne Phasenverschiebungen ebenfalls fleißig und rhythmisch in einem natürlichen Tempo, ohne zu eilen oder triebig zu sein; es springt einen rhythmischen natürlichen Galopp, in sicherem Dreitakt ohne Phasenverschiebung.
- Der Reiter sitzt geschmeidig und kommt mit beiden Schenkeln am Pferd gefühlvoll und rhythmisch zum Treiben. Das Pferd nimmt den einfühlsamen treibenden Schenkel an.
- Das Pferd ist für alle Arten der Reiterei zu gebrauchen, es kann sicher und gefahrlos im Gelände und über altersentsprechende Sprünge geritten werden. Kurz: Es ist ein Reitpferd geworden, welches jetzt, wenn gewünscht, in einer Spezialdisziplin ausgebildet werden kann.

Die „Skala der Ausbildung" der *Richtlinien für Reiten und Fahren* aus den 70er Jahren des letzten Jahrhunderts erfasst und beschreibt diesen Zustand mit ihren ersten drei Punkten. Ein im „Takt" trabendes Pferd mit schwingendem Rücken und geschmeidigem Genick („Losgelassenheit") tritt sicher und ruhig an die gefühlvolle Reiterhand heran („Anlehnung"). Ein solches Pferd ist im Grund-, Arbeits- beziehungsweise Gebrauchsgleichgewicht.

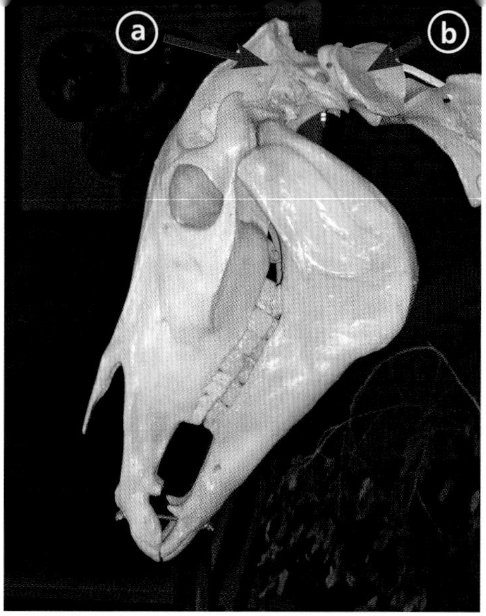

Das Genick des Pferdes wird vom Hinterhauptsbein (a) des Schädels und dem ersten Halswirbel (b) gebildet.

Elemente des horizontalen Gleichgewichtes: Das Genick

Das horizontale Gleichgewicht ruht auf verschiedenen Säulen, zu denen die Geschmeidigkeit des Genicks, des Rückens sowie die der Hanken zählt. Auch die Position (Höhe) des vorderen Rumpfes/Brustkorbes zwischen den Vordergliedmaßen spielt hier eine zentrale Rolle. Bereits die Alten Meister haben sich viele Gedanken über das Genick des Pferdes und die Position von Kopf und Hals gemacht.

So stellt Gustav Steinbrecht in seinem Werk *Das Gymnasium des Pferdes* auf Seite 96 zu diesem Thema fest:

„Es ist das Genick das erste Gelenk, durch das die Anzüge später hindurchwirken sollen, und so lange dieses Genick nicht vollständig gelöst ist, beschränkt sich die Einwirkung des Reiters auf das Maul des Pferdes alleine."

Merke

Die Voraussetzung für das horizontale Gleichgewicht

Von Heydebreck kommentiert dazu Steinbrechts Text im *Gymnasium des Pferdes* auf Seite 97 wie folgt:

„Um alle diese unangenehmen Folgeerscheinungen zu vermeiden, muss der Hals zunächst in natürlicher Haltung gelöst und demnächst durch Vorwärtsreiten in natürlichen Gängen zum Heranstrecken an das Gebiss gebracht werden, bevor mit den vorsichtig einzuleitenden Biegungen des Genicks begonnen werden kann."

Felix Bürkner auf dem noch jungen Herder zum Abschluss des internationalen Turniers in der Deutschlandhalle am 7. Februar 1937.

Sechs Jahre später präsentierte sich Herder unter Felix Bürkner in dieser ausdrucksvollen Piaffe.

Und, könnte man weiter sagen, die Einwirkung bleibt in dem steifen Genick, dem verspannten Rücken und den festen unnachgiebigen Hanken stecken.

Um den Weg dorthin zu ebnen, muss die bestmögliche Anlehnung geschaffen werden.

Zum Winkel im Genick (offener Genickwinkel) stellt Gustav Steinbrecht auf Seite 78 unten fest:

„Der richtige Winkel zwischen Hals und Kopf bezweckt nicht etwa nur die richtige Wirkung des Gebisses auf die Laden und somit die Anlehnung, sondern er ermöglicht es, daß der von den Hinterbeinen erzeugte Schwung sich durch Rücken und Hals bis in das Maul fortpflanzt und das Pferd zum Abstoßen vom Gebiss und zur Hergabe des Genicks veranlaßt. Erst dadurch wird der Weg zwischen Hinterhand und Vorhand frei gemacht, und nunmehr auch die Hand befähigt, ihre Wirkung durch die ganze Wirbelreihe bis zur Hinterhand fortzupflanzen.“

Von beiden Meistern wird klar hervorgehoben, dass die allzu beliebte Genickrundung am Anfang der Ausbildung eines jungen Pferdes nicht gewünscht oder anzustreben ist. Keinesfalls darf sie erzwungen werden! Ganz im Gegenteil, bei einem hoch rittigen Pferd, das sich durch anfängliche Abwehrspannung einrollt, ist diese falsche Genickbeugung und Halsrundung unbedingt zu vermeiden oder besser gesagt, zu verhindern oder zu beseitigen.

Oben hingestellte kurze Hälse sind immer ein großes Problem. Sie dürfen bei einer Remonte oder einem Korrekturpferd keinesfalls angenommen oder gar herbeigeführt werden!

Hier ist noch einmal eine Wiederholung des Zitats von Gustav Steinbrecht angebracht, der dazu auf Seite 94 in seinem *Gymnasium des Pferdes* schreibt:

> *„Es ist unter allen Umständen leichter und dankbarer, einen zu tief gestellten unterzäumten Hals auf- und geradezurichten, als einen verkehrten und zu hoch aufgerichteten herunter zu stellen und zu biegen."*

Natürlich meint Steinbrecht in diesem Zusammenhang sicher nicht den tief angesetzten kurzen Hals, also den anatomischen Mangel. Vielmehr lese ich in dieser Textstelle einen Satz des weltweit anerkannten Ausbilders Klaus Balkenhol, der in einem Gespräch zu mir sagte:

> *„Weißt du, sie [die Pferde] müssen eben den Hals vor dem Widerrist fallen lassen, die Nase vornehmen und zum Gebiss hin gehen!"*

Die Kopf-Hals-Position am Anfang der Ausbildung eines Reitpferdes ist damit einer der wichtigsten Schlüssel zu einer korrekten Anlehnung und später zum korrekt positionierten, hergegebenen Rücken und einem geschmeidigen Genick!

Zusammenfassend könnte man sagen, dass das junge Pferd seine Zwanglosigkeit in der Bewegung zunächst durch einen natürlich und frei getragenen Hals findet, dessen Position im Wesentlichen von der Anatomie, der Gangqualität, der Sitzqualität und dem Gewicht des Reiters abhängt. Die Remonte wählt gewissermaßen ihre Halsposition und -länge selbst (nur ein Sich-Einrollen darf keinesfalls geduldet werden).

Erst mit dem Entstehen der Gebrauchshaltung hebt sich die Kopf-Halsachse etwas höher. Die Hals- und Genickrundung entsteht zusammen mit einer geschmeidigen aber sicheren Anlehnung. Es ist an dieser Stelle noch einmal sehr wichtig hervorzuheben, dass bei korrekter Ausbildung in diesem Stadium der Genickwinkel offen und die Nase sicher vor der Senkrechten positioniert sind!

Ist unsere Basis für den Ausbildungsbeginn ein im Rücken verspanntes, sich einrollendes junges Pferd, so steht der Ausbilder vor der Aufgabe, die Zwanglosigkeit, die den ersten Wochen bei der Remonteausbildung zentral zugrunde liegt, nachzuarbeiten. An dieser Stelle werden heute aus meiner Sicht die entscheidenden Fehler gemacht.

Eine große Zahl der Remonten in der „Sportwelt" wird falsch, manchmal rücksichtslos und brutal angeritten. Diese Fehler münden regelmäßig in verspannten Genicken, steifen Rücken und zahllosen negativen Eigenschaften von denen der sich einrollende Hals nur eine ist (weitere sind unter anderem: Wegrennen vom Reitersitz, alle denkbaren Anlehnungsfehler, extreme Schiefe, manchmal Steigen, Bocken und alle Arten von Widersetzlichkeiten).

Zwischen der ersten natürlichen Haltung (Zwanglosigkeit) bis zu einer sicheren Gebrauchshaltung vergehen Zeiträume von einigen Monaten bis hin zu einem Jahr systematischer Ausbildung. Bei schwierigen oder anatomisch benachteiligten Pferden kann dieser Ausbildungsabschnitt auch wesentlich länger dauern. Für ein Hobby- und Freizeitpferd kann das Erreichen dieser Qualität (Gebrauchsgleichgewicht) das optimale Ausbildungsziel darstellen.

Um den Rücken als Bewegungszentrale wirklich für sich gewinnen und zur Losgelassenheit bringen zu können, sind bezüglich der Anlehnung sowie der Kopf-/Halsposition so gut wie keine Kompromisse möglich!

Der Rücken

Während sich die Anlehnung durch rhythmisches Vorwärtsreiten entwickelt, beginnt sich auch der anfänglich vielleicht etwas feste oder gespannte Rücken zu verändern. Eines der zentralen Merkmale eines korrekt balancierten Pferdes ist neben der korrekten Anlehnung ein losgelassener schwingender Rücken, was durch seine natürliche getragene Position kenntlich wird. Diese Rückenposition beschreibt zunächst die Höhe des Rückens in Bezug zu den stützenden Vordergliedmaßen. Das Merkmal bekommt eine große Bedeutung für uns, weil der Rumpf/Brustkorb zwischen den Vordergliedmaßen getragen (angehoben) sein oder absinken kann. Es besteht keine knöcherne Verbindung zwischen der Rumpfwirbelsäule oder dem Brustkorb und den Vordergliedmaßen, die Aufhängung ist rein muskulär und somit abhängig vom Spannungszustand dieser spezifischen Muskulatur. Ein nach oben überspannter oder nach unten durchgefallener Rücken sind hier die gröbsten und häufigsten Fehler.

Nur wenige Pferde haben den Rücken für eine Nutzung als Reitpferd von Natur aus zu tief, sodass in diesen Fällen die natürliche Position korrigiert werden müsste, will man ein Pferd im, ich nenne es einmal, H.Dv.12-Gleichgewicht ausbilden. Ein Gebrauchspferd, beispielsweise ein Stierkampf-, Western- oder Gangpferd, welches keine Schwingungsamplitude im Rücken besitzt (sie nutzungsbedingt nicht gewünscht ist), den Rücken also mehr oder weniger regungslos in fallengelassener Position trägt, kann in diesem (seinem Arbeits-) Gleichgewicht zwar zur „Lockerheit“ oder „Zwanglosigkeit“ (Abwesenheit von Verspannung), nicht jedoch zur Losgelassenheit gebracht werden. Der losgelassen schwingende Rücken in getragener Position muss, will man ein nach klassischen Grundsätzen entwickeltes Pferd reiten, sicher begründet oder erarbeitet werden. Der Schlüssel dazu liegt im schwungvollen, taktmäßigen Vorwärts und in der sogenannten „Selbsthaltung“, in der das Pferd gehen sollte. Dabei spiegelt sich der rhythmische Schwung im Trab und Galopp in einem schwingenden Rücken wider. Eine hohe und weiche Schwingungsamplitude ist bei diesen Pferden gewünscht und vielmehr das entscheidende Element der Losgelassenheit.

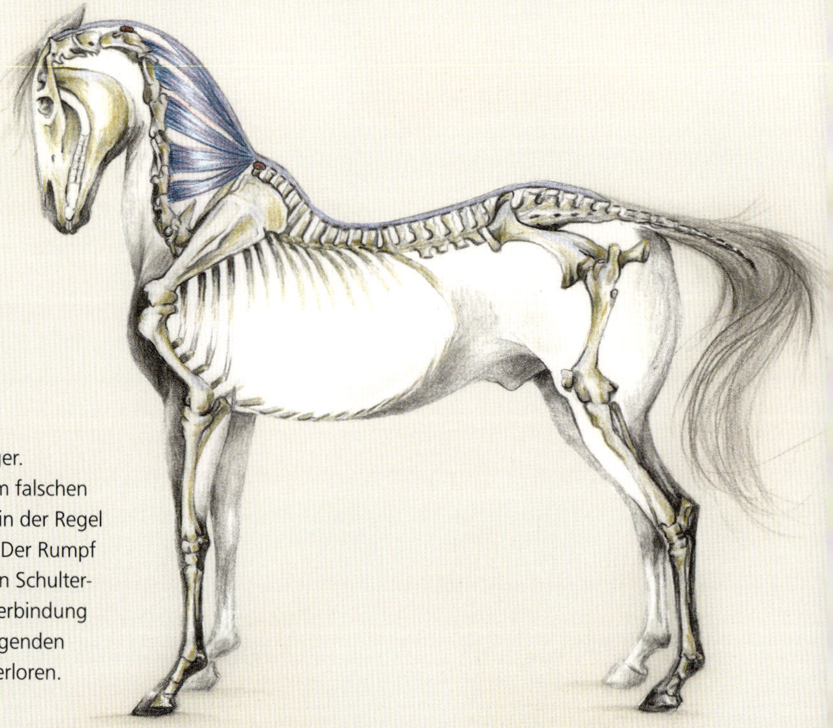

Der Schenkelgänger.
Ein Pferd in diesem falschen Gleichgewicht ist in der Regel hinter den Hilfen. Der Rumpf sinkt zwischen den Schulterblättern ab. Die Verbindung zum durchschwingenden Hinterbein geht verloren.

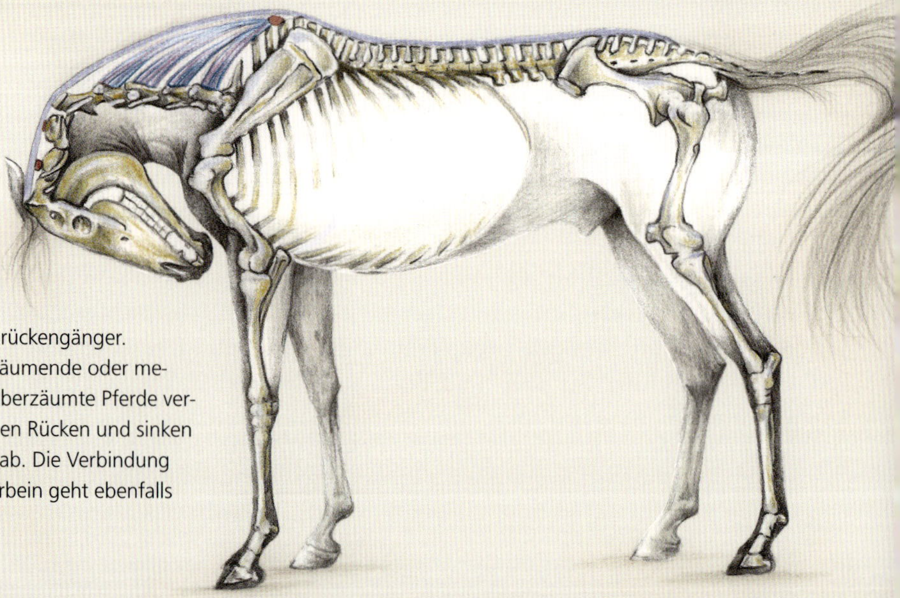

Der Spannrückengänger.
Sich überzäumende oder mechanisch überzäumte Pferde verspannen den Rücken und sinken im Rumpf ab. Die Verbindung zum Hinterbein geht ebenfalls verloren.

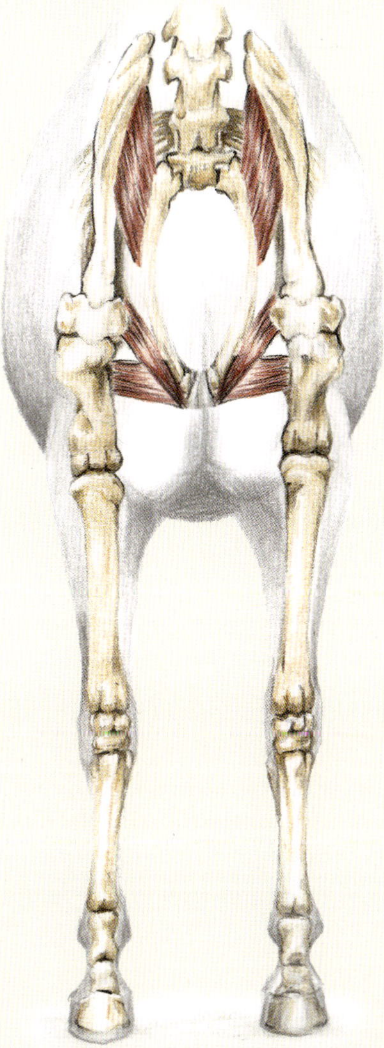

Ein Pferd in Selbsthaltung – der Rumpfquerschnitt beim Rückengänger. Die Muskulatur trägt den Rumpf. Dieser kann in der Biegung zwischen den Schulterblättern entsprechend rotieren.

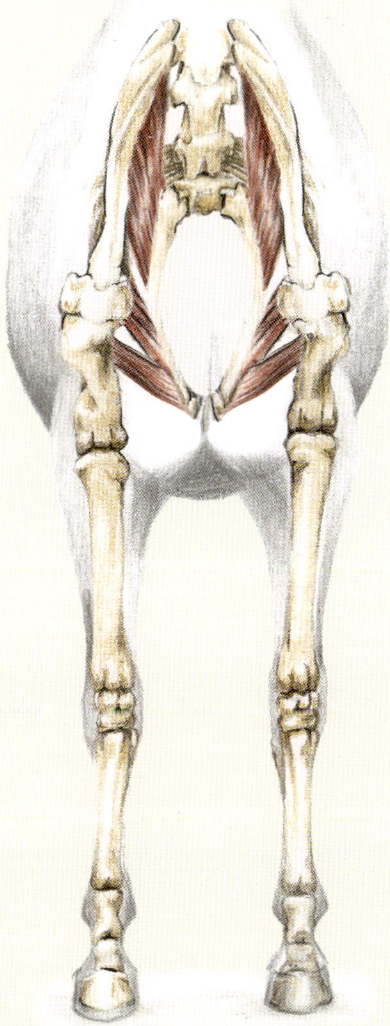

Der Schenkel- oder Spannrückengänger.
Der Rumpf ist zwischen den Schulterblättern abgesenkt, diese sind eng an den Rumpf angedrückt. Eine Rotation und damit Rumpfbiegung ist nicht möglich.

Merke

Über das Schenkelweichen

Die zur Korrektur eines verdorbenen Pferdes eventuell notwendig werdende Sensibilisierung auf den Schenkel lässt sich aus meiner Sicht am besten durch die Erarbeitung eine schlichten Schenkelweichens in allen Varianten darstellen. Für mich sind dabei ein sehr langsames Tempo bei der Ausführung des Schenkelweichens und ein geschmeidiger Sitz (keine Verspannung im Sitztunnel! – siehe *Balanceakt*) die zentralen Elemente. Andererseits muss man sich stets dessen bewusst sein, dass das rhythmische Vorwärts im Trab das Ziel ist. Eine Übertreibung dieser „Schenkelweichen-Maßnahme" wirkt sich immer schädlich aus. Die Pferde lernen, mit der Hinterhand auszuweichen und am Schwerpunkt vorbei zu treten. Der Reitmeister Martin Plewa, Leiter der Westfälischen Reit- und Fahrschule sagte mir einmal: „Das Schenkelweichen ist eine technische Übung, die so schnell wie möglich überflüssig werden muss." Diesem Satz kann man nichts mehr hinzufügen! Zusammengefasst lässt sich sagen: Die Erarbeitung der Sensibilität auf den seitwärtstreibenden Schenkel ist eine wichtige Maßnahme, die aber nur vor dem Hintergrund des taktsicheren Vorwärtszuges des Pferdes zur gefühlvollen Reiterhand bedeutsam ist.

Aus historischer Erfahrung lässt sich ableiten, dass jedes Pferd, auch eines mit einem anderen kulturellen Hintergrund, in das hier beschriebene Gleichgewicht gebracht werden kann.

Ähnlich wie bei einem Korrekturpferd, welches durch falsche reiterliche Einwirkung sein Gleichgewicht verloren hat, spielen gerade bei diesen Pferden zur Herstellung/Wiederherstellung des Gleichgewichtes das Vorwärts, die korrekte Dehnungshaltung, die präzise Schenkellage und -einwirkung eine wesentliche Rolle. Es gibt nur einen Weg, eine solide und tragfähige Brücke zu bauen und diese zum Schwingen zu bringen: Dieser führt über das taktmäßige Vorwärts im Trab, hin zu einer soliden und weichen Anlehnung. Ohne dieses konsequente Vorwärtselement kann kein stabiles Gleichgewicht entstehen!

Sicherlich gibt es Pferde, die nur schwer in ein solches „H.Dv.12-Gleichgewicht" gebracht werden können. Zu denen gehören aus meiner Sicht alle Pferde und Pferderassen, die aus genetischen Gründen keinen oder nur einen geringen Abschubimpuls im Hinterbein haben. Das können in alter Zuchttradition stehende Friesen ebenso wie bestimmte, oft fünfgängige Islandpferde und andere sein. Besonders bei diesen Pferden sollte man die Ausbildungsziele den Möglichkeiten des Pferdes anpassen. Vorsicht vor zu hoch gesteckten Zielen! In den letzten Jahren habe ich viele Reiter mit ihren Pferden erlebt, die ein Dressurpferd ausbilden wollten und in der Bodenarbeit mit endlosen, wohlgemeinten Zirkeln und Kringeln, Biegungen und Seitwärtsbewe-

> **Merke**
>
> Die korrekte Anlehnung, ein kauendes, tätiges Maul und das geschmeidige Genick entstehen von selbst als das Ergebnis richtiger Arbeit!

gungen versunken sind. Manch einer hat es niemals erreicht (selbst nach vielen Jahren), ein dynamisch vorwärtsgehendes Gleichgewichtspferd auszubilden.

Das im Takt gehende Pferd lässt seinen Reiter geschmeidig schwingend sitzen und erlaubt ihm, aus einem losgelassenen Sitz heraus zu treiben (das Zum-treiben-Kommen!). Der Impuls aus dem Hinterbein beginnt zu wachsen. Es entsteht gewissermaßen ein Überschuss an Schubkraft und Vorwärtsimpuls (im Trab und Galopp) eines jeden Trittes oder Sprunges im Takt, ohne dass das Pferd vor dem Sitz des Reiters „wegläuft". Dieser Vorwärts-Impuls, der in der Hinterhand beginnt, setzt sich durch den Rumpf, den Hals, das sich allmählich entspannende Genick bis in die feine Reiterhand fort, die diesen Impuls als sichere Anlehnung in Empfang nimmt. Der schwingende Pferderücken entsteht. Der Impuls der Hinterbeine schwingt dabei nicht nur durch den Rumpf des Pferdes sondern auch „durch den Rücken des Reiters" (Egon von Neindorff bei einer Berufsreiterfortbildung 1980) – Harmonie entsteht!

Ohne diesen Impuls aus dem Hinterbein und einen schwingenden Rücken gibt es keine Anlehnung. Das Pferd befindet sich dann auch nicht im Sinne der klassischen Reitlehre im Gleichgewicht! Um den oben genannten Vorwärtsimpuls zu entwickeln und zu trainieren, sind bei der Dressurarbeit zahlreiche Tempowechsel beispielsweise im Trab (Übergänge Arbeitstrab – Mitteltrab) sowie Übergänge zwischen den Gangarten notwendig. Die wichtige Verbindung des Pferdemauls zur Hand des Reiters wird sicherer, das Genick entspannt sich weiter.

Am sichersten lässt sich der benötigte Vorwärtsimpuls im Gelände erarbeiten. Jedes Pferd entwickelt dort den natürlichen Wunsch vorwärts zu gehen!

Das Zusammenspiel von Genick und Rücken

Nur wenn die sichere Anlehnung auf der beschriebenen Gleichgewichtsbasis erreicht wurde, kann mit konsequenter Biegearbeit und fortgeschrittener Geraderichtung begonnen werden. Aus diesem Grund lässt die H.Dv.12 nicht vor Ende des ersten Ausbildungsjahres mit dem Biegen beginnen (siehe auch *H.Dv.12*, 1937, WuWei Verlag, 2008, Seite 59-60)!

Besonders im ersten Ausbildungsabschnitt einer Remonte, aber auch später, sollte niemals versucht werden, Widerstände im Genick durch mechanische Handeinwirkung des Reiters auf das Maul des Pferdes zu überwinden oder eine Beizäumung zu erzwingen.

Die Reiterhand hat immer eine passive, eher abwartende Rolle in geeigneter Position. Das „Herunterziehen" des Kopfes oder das künstliche Aufrichten des Halses, also jedwede Beeinflussung der Kopf-Hals-Position ebenso wie der Versuch, das Pferd durch ein Ziehen am inneren Zügel zu biegen, sind absolut falsche, nicht mit der Natur des Pferdes und damit nicht mit der Lehre konforme Vorgehensweisen. Sie führen immer zu Gleichgewichtsstörungen!

Auch den von vielen Reitern befürworteten Abkauübungen in der Tradition von François Baucher stehe ich höchst kritisch gegenüber. Für mich ist dies ein Herumspielen mit dem Gebiss, um eine vermeintliche Genickentspannung zu erwirken oder so dem Pferd „das Gebiss zu erklären". Diese Vorgehensweise widerspricht dem Prinzip, dass die Anlehnung durch einen energischen Vorwärtsimpuls des Pferdes aus der Hinterhand entsteht. Die Pferde lernen nicht, an das Gebiss heranzutreten, sie „spucken das Gebiss aus". Jeder Versuch, ein Gleichgewicht von vorne nach hinten zu erarbeiten, muss und wird scheitern. Rückwärts entwickelte Pferde können niemals das Gleichgewicht halten, sich selbst tragen oder gar den Rücken hergeben. Sie sind nicht zu biegen und nicht korrekt zu versammeln.

Ebenso halte ich es für verkehrt, wenn nicht gar unmöglich, das Pferd durch einen zu frühen und falschen Gebrauch des Zügels geraderichten zu wollen. Das rhythmische, taktsichere Vorwärts zur Gewinnung der Losgelassenheit und der Anlehnung sollten meiner Meinung nach in einer korrekten Ausbildung absolut im Vordergrund stehen! Das Maul bleibt dabei anfangs ruhig, bis das Pferd sicher ans Gebiss herantritt, das Genick entspannt, sich im Rücken zu lösen und in sicherer Anlehnung zu gehen beginnt und mit geschlossenem Maul ruhig kaut. Alle beschriebenen Qualitäten müssen und dürfen nicht künstlich herbeigeführt werden, man bekommt sie bei korrekter Ausbildung des Pferdes quasi „geschenkt".

Merke

Als technische Hilfe bei sehr schiefen jungen Pferden und Korrekturpferden kann das Leichttraben auf dem „falschen" (äußeren) Hinterfuß dienen. Es ist jedoch nur auf der hohlen Seite des Pferdes zielführend, da nur in diesem Fall das schwächere, innere Hinterbein entlastet wird. Das Pferd wird sich bei dieser Maßnahme sofort „gerader" anfühlen.

Die natürliche Schiefe des Pferdes

Die natürliche Schiefe des Pferdes wird in den Publikationen bis zum 19. Jahrhundert teils in den Kapiteln „Biegung" abgehandelt, teils zwar erwähnt, im Detail jedoch häufig nahezu ignoriert.

Das mag daran liegen, dass sie (die natürliche Schiefe) bei korrekter Entwicklung des Arbeitsgleichgewichtes von Anfang an nicht besonders ins Gewicht fällt! Wird ein Pferd jedoch zu früh und falsch mit der Hand im Maul angefasst, so kommt der natürlichen, später der durch falsche Einwirkung verstärkten Schiefe, immer mehr Bedeutung zu.

Waldemar Seunig schreibt in seinem Werk *Von der Koppel bis zur Kapriole* auf Seite 128 ff. zum Thema Geraderichtung:

> *„Geraderichtung hat nichts mit der linearen Geradheit der Wirbelsäule in ihrer Längsrichtung, wohl aber alles mit ihrer Geschmeidigkeit zu tun."*

Seunig stellt somit klar, dass sich geraderichtende Arbeit mit dem „Geschmeidig-Machen" des Rumpfes gleichmäßig auf beiden Seiten auf den jeweils biegenden Schenkel bezieht. Die Möglichkeit, ein Pferd in jede Richtung ohne Widerstände stellen und biegen zu können, ist mit dem Begriff „Geraderichtung" bezeichnet.

Die Ursache der natürlichen Schiefe liegt in der Asymmetrie der beiden Rumpfseiten, besonders ihrer tiefen Rumpfmuskulatur, anatomisch begründet. So sagt man, sei diese Muskulatur (Zwischenrippenmuskeln und abdominale Muskeln) auf der hohlen Seite des Rumpfes weniger dehnungsbereit. Welchen Vorteil diese Eigenschaft einem Pferd (allen Equiden) in der Natur bringt, ist rein spekulativ.

So geht Kurd Albrecht von Ziegner in seiner Publikation *Elemente der Ausbildung* davon aus, dass es dem Fluchttier einen Gewinn bringe, mit leicht gebogenem Rumpf ein Auge weiter nach hinten und eines weiter auf das Gesichtsfeld vor sich gerichtet zu haben. Es habe so Vorteile, einen natürlichen Feind früher erkennen und diesem über sein stärkeres, gegenüber liegendes, Hinterbein schneller entkommen zu können.

Tatsache ist, dass die natürliche Schiefe eines Pferdes, besonders wenn man falsch mit ihr umgeht, ein erhebliches Hindernis für die reiterliche Nutzung eines Pferdes darstellt. Neben direkten „Steuerungs-" und Rittigkeitsproblemen kann ein stark schief gehendes Pferd sein horizontales Gleichgewicht nicht finden. Es kann sogar bei falscher geraderichtender Arbeit sein Gleichgewicht (Rücken hängt durch) verlieren. Außerdem überlastet ein derart gearbeitetes Pferd sein der Hohlbiegung zugewandtes Vorderbein extrem. Viele typische orthopädische Schäden entstehen vornehmlich an dieser Vordergliedmaße.

In der reiterlichen Wahrnehmung stellt sich die, der hohl gebogenen Seite gegenüberliegende Seite als die Zwangsseite oder die schwer zu biegende, steife Seite dar. In der Regel sind die Pferde auf dieser Zwangsseite gerader, Remonten können sich leichter im Galopp tragen, da das dieser Seite zugewandte Hinterbein stärker ist und mehr unter den Schwerpunkt des Pferdes tritt. Es ist jedoch schwerer, das Pferd auf dieser steifen Seite in den Hanken nachgiebig zu machen, da die muskulären Widerstände, besonders in der Rückenmuskulatur, größer sind. Die meisten Pferde stellen sich im Gegensatz dazu auf dieser Seite leichter im Genick. Der Rumpf und das Genick verhalten sich demnach bei den meisten Pferden genau gegensätzlich!

Reiterliches Fehlverhalten auf der Zwangsseite liegt in der Regel darin, dass versucht wird, durch aktives Ziehen am inneren Zügel eine Rumpf-Biegung herbeizuführen. Auf der hohlen oder wie Steinbrecht sie nennt der „falsch gebogenen Seite" führt die geringere Nachgiebigkeit der tiefen Rumpfmuskulatur dieser Seite zu einem Nach-innen-Weichen des gleichseitigen Hinterbeines (falsche traversartige Stellung). Außerdem entsteht dadurch eine nicht gewollte Rumpfrotation zur gegenüberliegenden Seite (falsche Biegung), die zum Anheben und einem „Nach-außen-Weichen" der gegenüberliegenden Schulterpartie (Ausfallen über die äußere Schulter) führt.

Diese nicht gewollte Rumpfrotation führt zu einer Absenkung des Rückens im Bereich der Sattellage nach innen, was wiederum zu

Das linkshohle Pferd mit einer nach außen kippenden Reiterin. Das Pferd fällt über die äußere Schulter aus, die Kruppe weicht nach innen, das innere Hinterbein ist steif.

Was bedeutet Rumpfrotation?

Unter Rumpfrotation versteht man die Rotation des Brustkorbes sowie des gesamten Rumpfes um die Achse der Wirbelsäule. Der Reiter sitzt innen in der hohl gebogenen Seite tiefer. Diese Rumpfrotation kann ungewollt stattfinden (Steinbrecht: „Falsche Biegung") und Ausdruck der Schiefe des Pferdes mit ihren Symptomen wie das Ausfallen über die äußere Schulter, das Nach-innen-Ausweichen des inneren Hinterbeines oder weiterer sein. Als Bestandteil der Schiefe stellt sie ein nicht zu unterschätzendes Hindernis dar. Sie kann aber auch gewollt erarbeitet ein essentieller Teil der Biegung sein, welche sich durch ein Absenken des Beckens innen äußert und somit den entscheidenden Beitrag zur versammelnden Wirkung der Biegung darstellt.

der beschriebenen Anhebung der äußeren Schulterpartie und zu einer Außenrotation der vorderen Rumpfpartie führt. Der Reiter sagt: „Das Pferd fällt über die äußere Schulter aus." Die gewünschte Rumpfrotation und deren Effekt im Zusammenhang mit korrekter Biegung werden zu einem späteren Zeitpunkt noch genauer beschrieben. In der reiterlichen Wahrnehmung fühlt sich das Pferd auf dieser Seite für den wenig erfahrenen Reiter gebogen an. Er ist versucht, diesen Zustand fälschlicherweise zu erhalten.

In den Arbeits- und Gebrauchsreitweisen wird diesem Effekt versucht entgegenzusteuern, indem man von einem „Anheben der Schulter" auf der hohl gebogenen Seite spricht. Natürlich kann die Schulter nicht angehoben werden! Sie stellt das obere Ende der stützenden Vordergliedmaße dar. Ihre Position/Höhe ist eine gegebene Größe! Lediglich die Position des Brustkorbes zwischen den Schulterblättern ist veränderbar, was unter Umständen die optische Wirkung einer höheren Schulter hervorrufen kann. Da sich ein Pferd, welches in Selbsthaltung geht, im Brustkorb weitet, fühlt es sich fur den Reiter breiter an und er sitzt höher! Er fühlt „mehr Pferd unter sich" und fühlt auch mehr Rückenbewegung!

Der erfahrene Reiter fühlt, dass das horizontale Gleichgewicht bei einer stark ausgeprägten falschen Biegung leidet. Im Extremfall geht der Rücken vollständig „verloren", das innere Hinterbein weicht deutlich nach innen aus und das Pferd fällt ebenso deutlich über die äußere Schulter aus. Der Vorwärtsimpuls der Hinterbeine verpufft, weil der Schub innen am Schwerpunkt vorbei geleitet wird. Dadurch kann sich das Pferd nicht mehr tragen und fällt auf die Vorhand.

Exkurs zur Geraderichtung

Hat ein Pferd die erste Gewöhnungsphase überwunden und gelernt, die treibenden Hilfen zu respektieren und anzunehmen, so wird es die Anlehnung suchen und mit schwingendem Rücken seinen Reiter im Gleichgewicht tragen können. Jetzt bekommt der Begriff Geraderichtung seine Bedeutung. Als wichtigste und erste Maßnahme für die Geraderichtung sollte also darauf geachtet werden, dass der Hals vor dem Widerrist nicht nach innen fallen oder aktiv abgebogen werden darf.

Gleichzeitig wird sich der Reiter bemühen, diese gerade gestellte Vorhand (ohne Knick des Halses vor der Schulter) wiederum so gerade wie möglich vor die Hinterhand zu stellen und im rhythmischen Trab (im Takt) aktiv mit zweckmäßig treibendem Schenkel (nicht mit einem Schiebesitz – der Sitz muss geschmeidig bleiben) vorwärtszureiten! Dadurch entsteht eine sichere und gleichmäßige Anlehnung an beide Zügel.

Da in den verschiedenen Gebrauchsreitweisen eine solide Anlehnung häufig weder gewünscht noch sinnvoll ist, beziehungsweise ursprünglich war, wird dort der Rücken meist nicht entsprechend ins Gleichgewicht gehoben. Er bleibt locker in einer abgesenkten Position. Ein gerades Ausrichten, ein

Symmetrisch-Machen des Pferdes kann deshalb nur durch regelmäßiges Abbiegen (ein Lockern des Halses) vor dem Widerrist sowie einem Verschieben der Schulterpartie weg vom jeweiligen inneren Schenkel erreicht werden. Der Hals wird bewusst beweglich und lose vor dem Widerrist gemacht. Ich habe diese „Biegearbeit", das „Flexen", im Zusammenhang mit Bodenarbeit am ersten Tag des Anreitens bei jungen Remonten und weiter fortgeschrittenen Pferden gesehen. Es wurde von einem namhaften Ausbilder der „Horsemanship-Szene" als ein unbedingt notwendiges Mittel dargestellt, das der frühestmöglichen Kontrolle des Pferdes diene. Dies mag bei Pferden hilfreich sein, die nicht in Anlehnung und dem hier besprochenen Gleichgewicht geritten werden sollen. Dieses Vorgehen ist meiner Meinung nach auf jeden Fall absolut schädlich und unbrauchbar, wollen Sie ein Pferd Richtlinien konform ausbilden! In der Western Reiterei wird in diesem Zusammenhang regelmäßig von einem „nach außen Verschieben der Schulter" gesprochen, besonders bei der Bodenarbeit. Der Hals wird in diesem Zusammenhang vorsichtig nach innen abgebogen. Auch in anderen, „individuellen Ausbildungsmodellen" wird regelmäßig der Hals vor der Schulter abgebogen, um eine vermeintliche, bestmögliche Geraderichtung zu erreichen. Eine absolut gefährliche, manchmal nicht mehr akzeptable Maßnahme, ist immer wieder in der schlechten, falsch verstandenen „FN Reiterei" zu sehen. Dort wird mit dem Ziel, die Zwangsseite des Pferdes zum Nachgeben zu bringen, der Kopf und der Hals einfach mit roher Kraft am Zügel Richtung Stiefelspitze des Reiters gezogen! Solche Maßnahmen sind weder zielführend noch akzeptabel!

Diese Vorgehensweisen unterbrechen alle den Energiefluss von der Hinterhand des Pferdes zum Genick und damit zur Reiterhand. Außerdem geht der Rücken nach unten verloren. Beide Elemente stellen jedoch wichtige Säulen der Klassischen Reitlehre (Takt – Losgelassenheit – Anlehnung) dar, ohne die unser gewünschtes Gleichgewicht nicht entstehen kann! Rhythmus und Schwung (Teil der Ausbildungsskala) können sich nicht entwickeln! Ein zu starkes Abbiegen des Halses in der Bewegung, wie auch ein Lockern des Halses an seiner Basis im Stand, unterbricht immer den Bewegungsfluss des Pferdes nach vorn, verhindert somit ein Loslassen des Rückens und in der Folge eine sichere Anlehnung.

Will man ein Pferd im klassischen (H.Dv.12) Gleichgewicht ausbilden, sollte man auf derartige Biegeübungen immer und unbedingt verzichten!

Wie kann der Reiter die natürliche Schiefe des Pferdes in der Ausbildung beeinflussen?

Die Erarbeitung der korrekten Biegung führt dann zur weiteren Geraderichtung des Pferdes. Die klassische Literatur nennt diese Arbeit die sogenannte „geraderichtende Biegearbeit".

Waldemar Seunig schreibt hierzu in *Von der Koppel bis zur Kapriole* auf Seite 128:

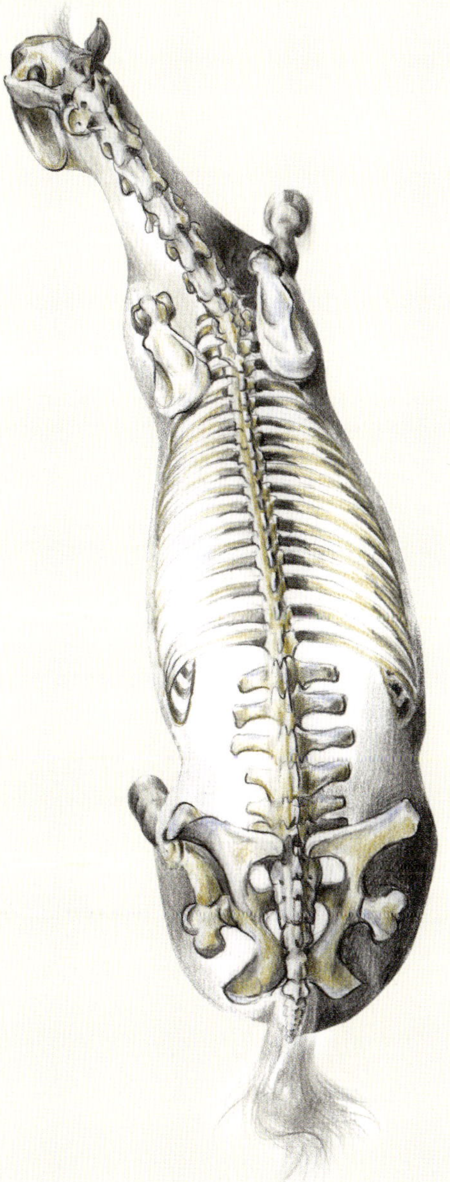

Das falsch gebogene Pferd. Die Wirbelsäule knickt vor der Schulter nach innen ab. Für den unerfahrenen Reiter entsteht die Illusion einer Biegung.

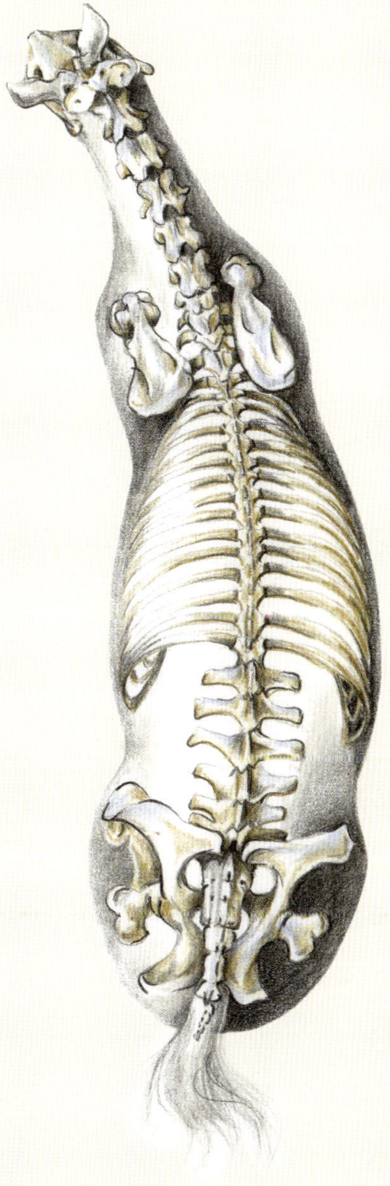

Das gebogene Pferd. Der Hals ist nicht stärker gebogen als der Rumpf.

„Ohne Geraderichtung, die der Schlüssel zu vollkommenem Gleichgewicht und damit zur sicheren Selbsthaltung ist, gibt es keinen ungehindert von rückwärts nach vorn durch den Körper flutenden Schwung, darum auch keine wirkliche Durchlässigkeit oder gar Versammlung. Auch ist es nur die geraderichtende Biegearbeit, die sich jedem Einzelfall anzupassen hat und auf die in späteren Abschnitten eingegangen werden soll, die den Rücken endgültig löst."

Aus einem falschen Umgang mit der natürlichen Schiefe des Pferdes entstehen Taktstörungen und im Extremfall Bewegungsstörungen, die leicht mit einer Lahmheit verwechselt werden. Udo Bürger nannte diese Form der Bewegungsstörung in seinem Buch *Vollendete Reitkunst* auf Seite 76 ff. die sogenannte „Zügellahmheit".

Die Zügellahmheit und ihr physiologisch-biomechanischer Hintergrund sind ausführlich in meinem Buch *Balanceakt* beschrieben.

Unsachgemäße Versuche, die natürliche Schiefe zu beseitigen, führen zu nahezu allen bekannten Ausbildungsproblemen und massiven gesundheitlichen Beeinträchtigungen. Viele, aus tierärztlicher Sicht nicht oder nur schwer diagnostizierbare Lahmheiten (Zügellahmheiten) stehen mit diesem Ausbildungsfehler direkt oder indirekt in Verbindung.

Die Beseitigung der natürlichen Schiefe läuft parallel mit dem gesamten Ausbildungsweg. Sie beginnt im Grunde schon mit den ersten Ausbildungsschritten im Remontealter. Die Aussage der *H.Dv.12* von 1937,

„es sei die erste Notwendigkeit ein Pferd vor den treibenden Schenkel zu bekommen",

beschreibt die Voraussetzung für eine korrekte Anlehnung und die erste Losgelassenheit. Nur wenn ein junges Pferd zwanglos und rhythmisch vorwärts gehen kann, ist der Grundstein für ein gerades Pferd gelegt. Nur dann kann es an beide Zügel herantreten und der Reiter kommt zum Treiben. Die Skala der Ausbildung stellt das feste Fundament dar, auf der eine solide Ausbildung aufgebaut werden kann!
Gustav Steinbrecht schreibt hierzu in seinem *Gymnasium des Pferdes* auf Seite 89:

„Die Stetigkeit des Halses, also die sichere Verbindung der einzelnen Halswirbel miteinander und ihre richtige Richtung zueinander, kann nur durch ihre ungeschwächte und wohlausgebildete Schubkraft, seine Biegsamkeit jedoch nur durch die Tragkraft der Hinterhand sicher gestellt werden."

Daraus leite ich den Lehrsatz ab:

„Biege den Hals niemals mehr, als du in der Lage bist, den Rumpf des Pferdes zu biegen!"

Aus diesem Zitat lassen sich auch alle weiteren wichtigen Elemente der Biegung ablesen. Nur ein „stabil aus der Schulter herauswachsender", vor der Schulter muskulär stabilisierter Hals kann später seinen wichtigen Anteil an der korrekten Rumpfbiegung beitragen. Besitzt ein Pferd einen vor dem Widerrist instabilen, lockeren „Wackelhals", kann man es weder ins gewünschte Gleichgewicht reiten, noch biegen, geraderichten oder versammeln. Nur die gut entwickelte Schubkraft lässt den Hals des Pferdes in seiner Achse stabil werden, wie Gustav Steinbrecht konstatiert, was so auch in der *H.Dv.12* zu finden ist. Hier wird explizit darauf verwiesen, bereits im ersten Jahr der Remonteausbildung den Übergang Arbeitstrab – Mitteltrab regelmäßig reiten zu lassen.

Andererseits kann nur die Nachgiebigkeit der inneren Rumpfwand und damit des inneren Hinterbeines die Tragkraft herstellen und zur korrekten Biegung des Halses führen. Umgekehrt führt die beginnende Biegearbeit – einen stabilen Hals vorausgesetzt – zu einer ersten Nachgiebigkeit in den Hanken. Der Hals muss als stabiler, fest zum Rumpf gehörender Körperteil gesehen werden. Die Biegung erfolgt linear vom Genick bis zum Kreuzbein gleichmäßig durch den ganzen Rumpf!

Die Stellung – Voraussetzung für eine korrekte Biegung

Die Stellung im Genick ist eine unabdingbare Voraussetzung für die Erarbeitung einer korrekten Rumpfbiegung. Ohne Stellung gibt es keine Biegung! Eine korrekte Stellung im Genick ist nur möglich, wenn das Pferd in sicherer Anlehnung mit hergegebenem Genick geht. Hierzu kommentiert Hans von Heydebreck auf Seite 92 im *Gymnasium des Pferdes* den Text von Gustav Steinbrecht wie folgt:

„Die Biegung des Genicks, nämlich seine Durchlässigkeit, kann jedoch wiederum nur durch den von der Hinterhand erzeugten und durch den ganzen Pferdekörper hindurchflutenden Schwung erzielt werden. Beides, die Hergabe des Genicks und das biegsam machen der Hinterhand gehen also Hand in Hand; die richtig arbeitende Hinterhand erzeugt die Durchlässigkeit des Genicks, und diese gestattet und fördert dann wiederum die weitere Ausbildung der Hinterhand."

Eine „seitliche Stellung im Genick" und eine „Biegung des Rumpfes" werden erst dann möglich, wenn sie mit der „vertikalen Beugung des Genicks" und dem Hergeben (Loslassen oder Schwingen) des Rückens, als Mittler zwischen der Vor- und der Hinterhand, einhergehen. Nur, wenn das Pferd im Trab seinen Rhythmus gefunden hat, den Reiter zum Treiben kommen lässt und im Rücken beginnt zu schwingen (vertikale Schwingung), kann sich die Wirkung der Schubkraft der Hinterhand entwickeln und das Pferd tritt an die Reiterhand heran, es beginnt das Genick herzugeben und im Sinne der Klassischen Reitlehre zu beugen. Zusammenfassend sei gesagt, stehen die kurzen

Merke

Die Einwirkung des jeweils inneren Schenkels (Sporens) und damit die Förderung des Untertretens des gleichseitigen Hinterbeines ist es, die letztlich für Nachgiebigkeit im Genick in die jeweilige Richtung (Genickbeugung und Stellung im Genick) sorgt!

Kopf-Halsmuskeln des Genicks mit den Beugern und Streckern des Rumpfes in direktem Bezug. Sie sind mehr oder weniger gegenseitig voneinander abhängig. So bedingt eine undurchlässige Lendenpartie des Rückens immer gewisse Widerstände im Genick und umgekehrt, was jede seitliche Flexibilität und Beweglichkeit von vornherein beeinträchtigt oder gänzlich verhindert.

Aus dieser Betrachtungsweise resultiert die Erklärung dafür, dass ein Pferd (in sicherer Anlehnung) beginnt, sich im Genick zu stellen, sobald man vermehrt im System der diagonalen Hilfengebung arbeitet. Der innere Schenkel des Reiters wirkt dabei direkt hinter dem Sattelgurt im Bereich der letzten Tragerippen ein, als wollte er das Pferd biegen. Die erste Reaktion des Pferdes wird sein, dass es am inneren Zügel leichter wird und sich schließlich beginnt, im Genick zu stellen. Ab diesem Moment werden die Widerstände der seitlichen Rumpfwand zunehmend mehr abgebaut. Durch einen nachgebenden äußeren Zügel, zusammen mit der beschriebenen Wirkung des inneren Schenkels, erreicht der Reiter schließlich den ersten Schritt in Richtung seitlicher Biegung. Die Dehnungsbereitschaft der jeweils äußeren Rumpfmuskulatur setzt also voraus, dass sich ein Pferd zunächst im Genick stellen, das heißt, die kurzen Kopf-Hals-Muskeln der äußeren Seite dehnen, lässt. Aus Sicht der Reitlehre tritt das Pferd dann an den äußeren Zügel heran und beginnt, am inneren Schenkel weich zu werden. Der erste Schritt in Richtung Biegung ist getan.

Umgekehrt kann man sagen, dass eine Biegung im Rumpf so lange nicht möglich ist, so

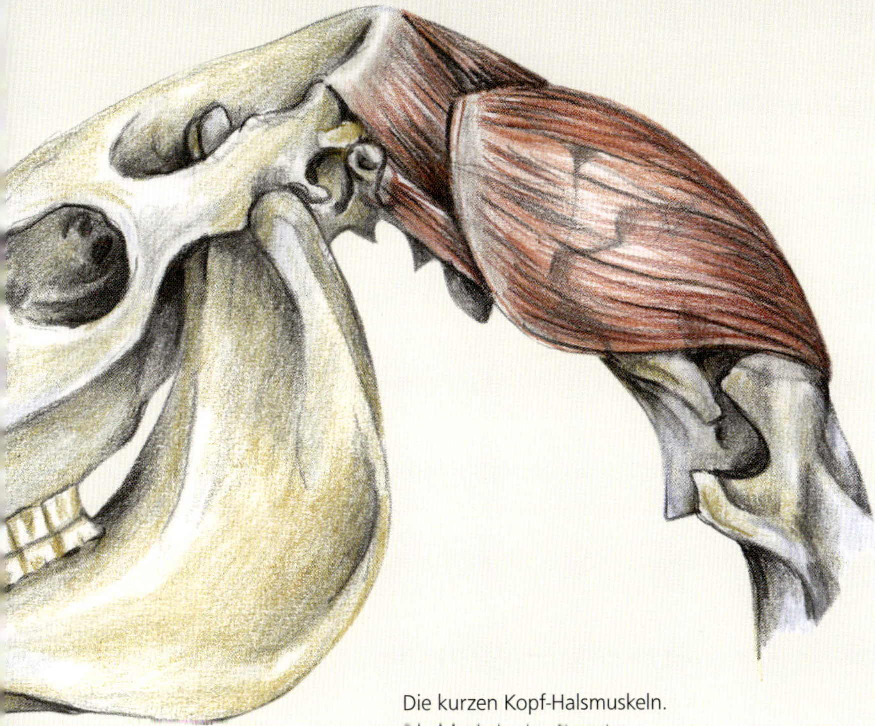

Die kurzen Kopf-Halsmuskeln.
Die Muskeln des Genicks.

lange sich das Genick einer korrekten Stellung durch Widerstände in den kurzen Kopf-Hals-Muskeln entgegensetzt.

Die Erkenntnis, dass diese Widerstände nur mit dem richtig einwirkenden Schenkel beseitigt werden können, ist in dem Zusammenhang essentiell! Die Reiterhand spielt in diesem Moment nur eine passiv aushaltende Rolle.

Die Systematik der klassischen Reitlehre folgt auch hier der Natur des Pferdes. Das in sicherem Gleichgewicht gehende junge Pferd (sichere Anlehnung an beide Zügel) wird sich auf eine einseitige (eigentlich biegend wirkende) Schenkelhilfe zunächst im Genick stellen und erst später mit zunehmend wachsender Bedeutung der äußeren Hilfen, durch die Einwirkung des inneren Schenkels im Rumpf biegen. Biegung im Rumpf ohne Stellung im Genick ist anatomisch bedingt unmöglich und würde das gesamte Gleichgewicht und die Balance des Pferdes komplett durcheinander bringen! Mit anderen Worten könnte man sagen, dass die ersten vorsichtig „biegend“ eingesetzten Schenkel-, Gewichts- und Zügelhilfen zu einer Stellung im Genick und erst später zu einer Biegung mit Rumpfbiegung führen!

Das Hebelsystem des Genicks. Das Hebelverhältnis fällt mit 7-10 :1 deutlich zu Ungunsten des Pferdes aus.

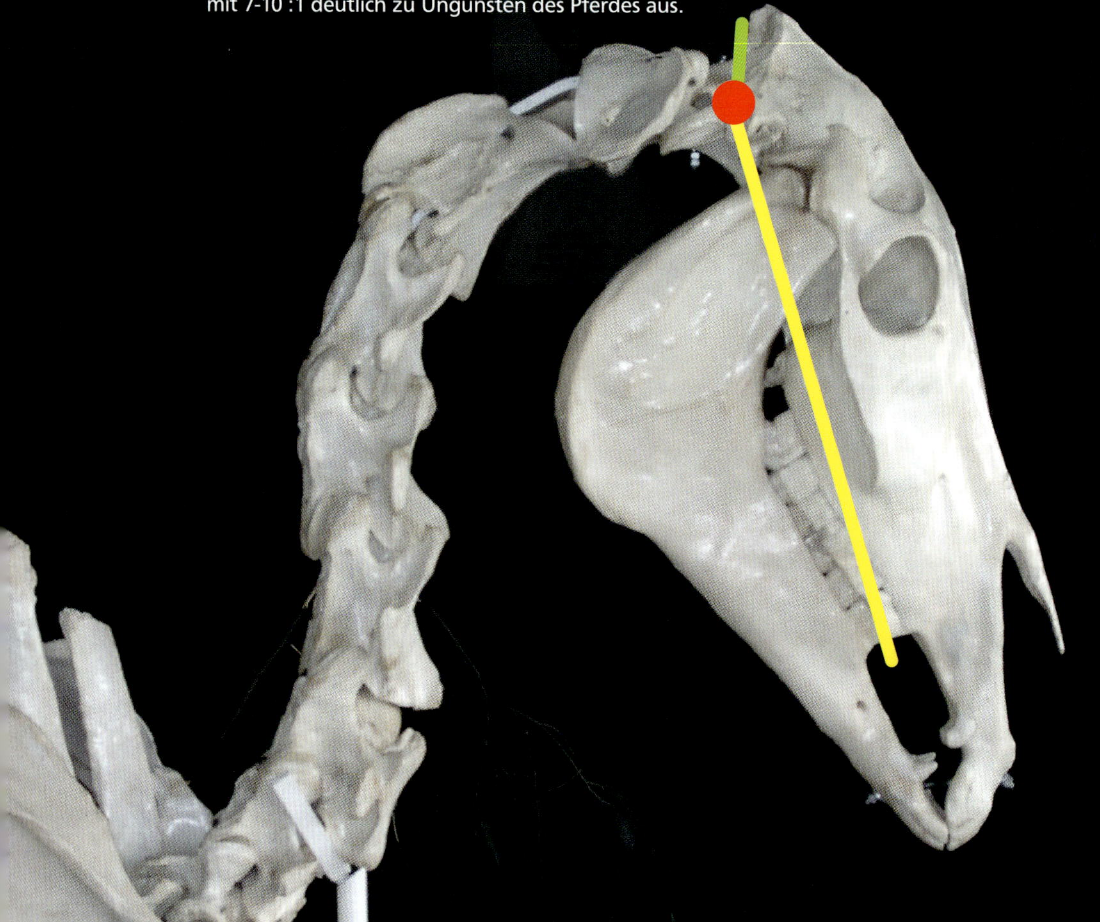

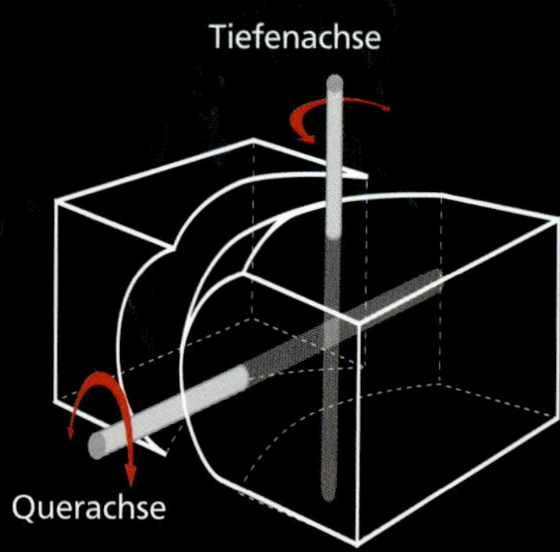

Das Genick ist ein Elipsoidgelenk. Es lässt Bewegungen um die beiden dargestellten Achsen zu. Die Querachse beschreibt dabei die Beugung und Streckung des Genicks. Die Tiefenachse beschreibt die Stellung. Das Verwerfen erfolgt im Gelenk zwischen erstem und zweitem Halswirbel.

Die Biomechanik von Stellung und Biegung

Die biomechanischen Zusammenhänge hinter den Begriffen Stellung des Genicks und Biegung des Rumpfes des Pferdes verdeutlichen die Wichtigkeit dieser Ausbildungselemente. Seit de la Guérinière (1733) ist bekannt, dass nur durch die gymnastische Erarbeitung der wahren Biegung wirkliche und vollständige Losgelassenheit und die höchst mögliche Durchlässigkeit eines Pferdes erreicht werden können. Einige anatomische Zusammenhänge sollen deshalb zunächst erklärt werden:

Das Genick und seine Anatomie in Bezug auf die Stellung beim Reiten

Mit dem reiterlichen Begriff „Genick" wird das erste und oberste Gelenk des Pferdehalses bezeichnet, das sich aus dem Hinterhauptsbein des Schädels (Kopfes) und dem ersten Halswirbel (Atlas) zusammensetzt. Das Genick, lateinisch Atlanto-Occipital-Gelenk (AOG) des Pferdes stellt ein sogenanntes Ellipsoidgelenk dar. Der Name kommt von den zwei walzenförmigen (elliptischen) Gelenkanteilen. Diese ermöglichen eine Bewegung sowohl in der Vertikalebene, das heißt, der Kopf des Pferdes kann sich sowohl nach oben (Streckung im AOG) oder nach unten (Beugung im AOG) als auch in der horizontalen Ebene mit einem individuellen Winkel von bis zu circa 30 Grad zu beiden Seiten hin bewegen.

In der Reitersprache nennen wir diese Fähigkeit des Pferdes die sogenannte „Stellung im Genick".

Es handelt sich hierbei um eine fast isolierte Bewegung im AOG mit minimaler Beteiligung der Halswirbelsäule. Diese Feststellung ist sehr wichtig, da nur dieser Umstand sicherstellt, dass die kurze Kopf-Hals-Muskulatur wirklich isoliert entspannt ist. Das AOG ist das Gelenk der gesamten Wirbelsäule (außer der Schwanzwirbelsäule), welches die größte Einzelbewegung eines Zwischenwir-

Merke

Der Kopf stellt mit seiner Verbindung zur Halswirbelsäule im Genick ein Hebelsystem dar. Das auf Trense gezäumte Pferd hat also zwei physikalisch wirksame Hebelarme. Der kürzere wird durch eine Verbindungslinie zwischen Genick und dem Ansatz der langen Kopf-Hals- Muskeln am Hinterhauptsbein des Schädels dargestellt; der längere wird von der Verbindungslinie zwischen dem Genick und der Gebisslage in der Lade (zahnfreier Teil des Unterkiefers, vgl. Zeichnung Seite 46) des Pferdes dargestellt.

Das Längenverhältnis dieser beiden Hebel fällt klar zu Ungunsten des oberen, erheblich kürzeren Hebels aus. Es liegt hier, je nach Länge des Pferdekopfes ein Längenverhältnis von 1:7 bis 1:10 vor. Die Kraft, die auf das Genick des Pferdes wirkt, wird in Kilopond gemessen. Ein Kilopond drückt damit die Gewichtskraft aus, die auf eine Masse von einem Kilogramm bei der Normalfallbeschleunigung von 9.80665 m/s2 wirkt. Das bedeutet, dass im ungünstigsten Fall aus der rückwärtswirkenden Kraft einer ziehenden Reiterhand mit zum Beispiel 15 Kilopond bei einem sich im Genick widersetzenden Pferd bis zu 150 Kilopond Zug im oberen Teil des Genicks, dem Oberhals und der gesamten Oberlinie entstehen können (Hebelverhältnis 1:10 zugrunde liegend). Diese Effekte werden durch missbräuchlich verwendete Hebelgebisse vervielfacht.

Beim Einsatz einer Kandare zum Beispiel können aus einem Kilopond Zug bis zu 40 Kilopond werden! Es leuchtet ein, dass eine rückwärts wirkende Reiterhand (zwanghafte Beizäumung) jede korrekte Pferdeausbildung im Keim erstickt!

belgelenkes, Beugung, Streckung und seitliche Beugungen, ausführen kann. Diese freie, widerstandslose Beweglichkeit des Genicks bei sicherer Anlehnung am Gebiss stellt die Grundlage für den Beginn einer Biegung im Rumpf dar.

Umgekehrt könnte man sagen, dass jeder Widerstand im Genick jedweden Zugang zum Rumpf unmöglich macht. Weder ein in der Vertikalachse schwingender Rücken (Losgelassenheit) noch ein seitlich gebogener Rumpf wären dann möglich. Der Zustand des Genicks spiegelt sich immer in der Rumpfmuskulatur wider.

Es ist deshalb besonders wichtig, das Genick als Schlüssel zum Rumpf nicht künstlich mechanisch zu beugen, sondern zunächst natürlich offen zu belassen. Der Schwung und die Schubkraft der Hinterbeine sorgen bei gleichmäßiger und sicherer Anlehnung an das Gebiss bald dafür, dass sich das Genick mit der Zeit entspannt und als Folge beginnt, sich zu beugen. Die Reiterhand spielt in dem Zusammenhang nur eine passive, gefühlvoll abwartende Rolle.

Die, durch das widerstandsfreie oder losgelassene Genick, entspannten kurzen Kopf-Hals-Muskeln schaffen damit im Zusammenhang mit einem schwingenden Rücken gewissermaßen den Zugang zu den Muskeln des Rumpfes und der Hinterhand des Pferdes.

Ein im Genick verspanntes Pferd kann weder gebogen noch versammelt werden, es wird auch niemals Durchlässigkeit oder Harmonie mit seinem Reiter erreichen.

Andererseits jedoch kann eine künstlich herbeigeführte sogenannte „Genickentspannung“ nicht automatisch die Rumpfmuskulatur beeinflussen. Der Versuch, wie in einigen Publikationen des 19. Jahrhunderts dargelegt (unter anderem bei François Baucher), durch „Abkauübungen“ das Genick eines Pferdes isoliert zu entspannen, mag bezogen auf die kurzen Kopf-Hals-Muskeln eventuell vorübergehend gelingen. Auswirkungen auf den Rücken und dessen Entspannung sowie die Möglichkeit, ein Pferd später korrekt zu biegen und dadurch die Hanken zu gymnastizieren, sind jedoch nicht gegeben. Dieser Prozess der Gleichgewichtsfindung und der Entwicklung der Losgelassenheit braucht den rhythmischen Vorwärtsimpuls im Trab. Interessanterweise sind diese Übungen in der ersten Ausgabe der *H.Dv.12* aus dem Jahr 1912 ebenfalls erläutert. Sie wurden dann in allen folgenden Ausgaben wieder verworfen.

Meiner Meinung und Erfahrung nach ist es nicht möglich, ein Pferd von vorne nach hinten geschmeidig zu machen. Die Entwicklung des Gleichgewichtes sowie der Prozess des Geschmeidig-Machens des gesamten Pferdekörpers gelingt nur aus einem geschmeidigen Sitz heraus von hinten nach vorne!

Jeder Versuch, Durchlässigkeit von vorne nach rückwärts zu erarbeiten, bleibt im Pferdekörper stecken! Meistens im Rücken. Diese Pferde werde kontinuierlich vor dem Reiter kürzer und hinter dem Reiter länger, umgekehrt sollte es sein!

Mit anderen Worten könnte man sagen: Die Mutter des Gleichgewichts, der Durchlässigkeit und der Versammlung ist die Vorwärtsbewegung – der dynamische und rhythmische Schub der Hinterhand in den schwunghaften Gangarten, besonders im Trab, der durch einen vollständig gelösten Rücken hindurch schwingt. Erst ein in korrekter Anlehnung gehendes Pferd mit korrekter Stellung im Genick (AOG), ist in der Lage, eine korrekte Biegung anzunehmen.

Das geschmeidige seitliche Nachgeben eines Pferdes im Genick kann nur erfolgen, wenn die Anlehnung neben all den oben beschriebenen Kriterien außerdem ein weiteres entscheidendes Merkmal besitzt: Der Genickwinkel muss offen sein, die Nase des Pferdes muss sich vor der Senkrechten befinden! Das Genick muss geschmeidig gebeugt sein, denn ein nach oben herausgestreckter Kopf spiegelt ein nicht hergegebenes Genick. Die kurzen Kopf-Hals-Muskeln sind eben auch in diesem überstreckten Zustand nicht entspannt und verhindern damit jede weitere geschmeidige Stellung oder gar Biegung! Immer wenn ein negativer Spannungszustand der kurzen Kopf-Hals-Muskeln vorliegt (Überstreckung des Genicks – gegen die Hand gehen oder Sich-Einrollen – hinter den Zügel gehen) ist weder eine geschmeidige Beugung in der vertikalen (Genickrundung) noch eine Abbiegung in der horizontalen Ebene (Stellung) möglich. Die Schubkraft des Hinterbeins, der schwingende Rücken und die rhythmisch arbeitende Bauchmuskulatur bedingen neben der sicheren Anlehnung auch ein kauendes Maul; dieses wiederum entspannt die kurzen Kopf-Hals-Muskeln, macht sie weich und nachgiebig und ermöglich korrekte Stellung und Biegung!

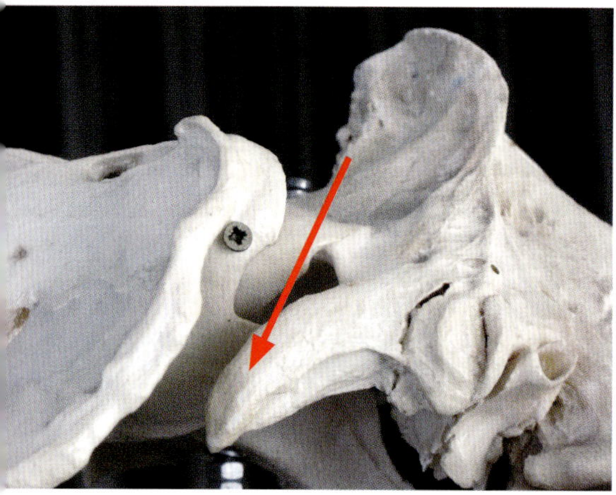

Die Processus Paracondylaris – zwei Knochenvorsprünge, die der kurzen Kopf-Halsmuskulatur als Ansatz dienen. Beim überzäumten Pferd (Pferd hinter der Senkrechten) blockieren sie das Genick.

Die in der Abbildung dargestellten Knochenvorsprünge, Processus Paracondylaris oder Jugularis, dienen als Muskelansätze für Muskeln, welche den Kopf mit dem ersten Halswirbel verbinden. Sie fungieren als eine Art Hebel, der es dem Pferd ermöglicht, den Kopf im Genick in alle Richtungen zu bewegen.

Zäumt man das Pferd aktiv mit der Hand bei oder akzeptiert man ein „Sich-Einrollen", also ein Überzäumen des Pferdes, so rotieren die dargestellten etwa zeigefingerlangen Knochenvorsprünge nach dorsal (oben) und blockieren unter den Atlasflügeln mit dem Körper des ersten Halswirbels das Genick. Das Pferd kann nicht mehr im Genick gestellt werden. Damit verhindert der Reiter von vornherein, dass ein Pferd im natürlichen Gleichgewicht geht, sich später biegen und versammeln lässt und Durchlässigkeit wird unmöglich.

Wie sieht es in der Praxis aus?

Das hergegebene Genick entsteht also durch zwei Effekte, erstens durch das Herantreten des Pferdes an die Reiterhand und zwar an beide Zügel gleichmäßig sowie zweitens durch den Kauprozess, der nur wertvoll und effektiv ist, wenn er physiologisch durch die spannungsfreie Tätigkeit der Rumpfmuskeln zustande kommt (siehe auch mein Buch *Balanceakt*). Ein geschmeidig schwingender Rücken bedingt eben auch eine aktive und

Merke

„Falscher Knick" und Verwerfen

Der Hals und seine Muskulatur spiegeln den positiven oder negativen Spannungszustand des Rumpfes wider. Ein Pferd mit verspanntem Rücken und entsprechender Spannung des antagonistischen Muskelsystems – der unteren Muskelkette (Bauchmuskeln, Brustmuskeln, Unterhalsmuskeln) entwickelt sehr oft den sogenannten „Falschen Knick". Die beiden Stränge des Langen Rückenmuskels enden, wie wir wissen, an der hinteren Halswirbelsäule zwischen viertem und siebtem Halswirbel. Sind diese negativ gespannt (verspannt), so ziehen diese die Halsbasis an den Rumpf heran, sie richten den Hals vor dem Rumpf künstlich auf. Die entsprechend negativ gespannte untere Muskelkette endet am Unterkiefer, dem Zungenbein, im Kopf und am Hinterhauptsbein des Schädels und zieht den vorderen Halsteil nach unten. Der kontinuierliche Verlauf des Oberhalses bricht an der schwächsten Stelle zwischen zweitem und drittem Halswirbel, der „falsche Knick" entsteht. Er ist als Symptom nicht vorhandenen Gleichgewichts oder als Spiegel eines verlorengegangenen Gleichgewichts zu sehen (verspannter Rücken mit allen Folgeerscheinungen).

Ähnlich verhält sich der biomechanische Erklärungsweg beim „Sich-Verwerfen" des Pferdes. Die untere Muskelkette endet, wie beschrieben, von unten am Unterkiefer und dem Kopf. Entsteht durch einen falschen Umgang mit der natürlichen Schiefe eine starke künstliche Schiefe (meist als Reaktion auf das Ziehen am inneren Zügel auf der Zwangsseite) und somit eine deutliche künstliche Verkürzung/Verspannung der tiefen Rumpfmuskulatur der hohlen Seite, so pflanzt sich diese in die gleichseitige Unterhalsmuskulatur fort und bedingt eine Abwärtsrotation des Kopfes im Atlanto-Axial-Gelenk (dem Gelenk zwischen erstem und zweitem Halswirbel). Die einseitig gespannte Rumpf- und Unterhalsmuskulatur zieht den Hals dann gewissermaßen einseitig nach unten. Meistens ist das der hohlen Seite zugewandte Ohr dabei das tiefer gestellte.

Aus reiterlicher Sicht zeigt das tiefer stehende Ohr in der Regel die stärker verspannte Rumpfseite an. In den meisten Fällen stimmt dieses Bild mit der Schiefe des Pferdes überein. Natürlich gibt es hiervon auch Ausnahmen, die der erfahrene Ausbilder erkennen und richtig beurteilen wird.

spannungsfrei arbeitende untere Muskelkette (Bauchmuskeln – Brustmuskeln – Unterhalsmuskeln), welche wiederum indirekt zur Entspannung der kurzen Kopf-Hals-Muskeln führt, da sie das Maul (die Zunge) in eine rhythmische, dem jeweiligen Gang angepasste Bewegung versetzt. Die Anbindung des Pferdemaules an das Genick ist wiederum über eine weitere Muskelverbindung vom Zungenbein zu den Processus Paracondylaris am Hinterhauptsbein des Schädels und von diesen zu den Flügeln des ersten Halswirbels anatomisch hergestellt.

Nur ein Kauprozess, der als Ergebnis einer rhythmischen Rumpfschwingung des Pferdes (zu der natürlich auch der schwingend eingebundene Reitersitz gehört) zustande kommt, führt zu der Genickentspannung, die eine Rückwirkung auf die Rückenmuskulatur und die Muskulatur der Hanken hat.

Der Initiator dieses gesamten „Gleichgewichtsfindungs- und Entspannungsprozesses" ist der taktmäßige schiebende Impuls der Hinterhand, der unter einem geschickten und gefühlvollen Reiter zu einer weichen Schwingung des Rückens (Losgelassenheit) führt. Aus dieser Voraussetzung entsteht eine feine aber solide Anlehnung, die wiederum die Genickentspannung und die Beizäumung (Genickrundung) bedingen. Auf diesem Weg entsteht ebenfalls das kauende Maul.

Die Stellung, gewissermaßen die Vorhut der Biegung, entsteht dann als erste Folge einer diagonalen Hilfengebung. Der entscheidende Auslöser hierzu ist die jeweils innere Wade. Die Hände spielen anfangs lediglich eine passive, eher abwartende, Rolle.

Der innere Zügel muss dabei mit äußerster Vorsicht eingesetzt werden. Die gefährlichste Reaktion eines unerfahrenen Reiters ist der Versuch, ein Pferd im Genick durch Ziehen am inneren Zügel zu stellen. Die Gefahr ist auf der sogenannten Zwangsseite besonders groß, weil hier das Genick dem Reiter scheinbar großen Widerstand entgegensetzt. Das anzustrebende Ziel muss sein, dass sich das Genick mit dem Verlagern des Reitergewichtes in die neue Bewegungsrichtung stellt. Der neue innere Schenkel kann diesen Prozess des „Sich-Stellens im Genick" des Pferdes

Frage

Rotieren die einzelnen Wirbel der HWS auch, gibt es Verdrehungen?
Die Halswirbelsäule ist nach der Schwanz-(Schweif-)-Wirbelsäule der beweglichste Teil der Wirbelsäule. Die Anatomie der Zwischenwirbelgelenke ist so konstruiert, dass große Gleitgelenke ein Biegen des Halses in jede Richtung, aber auch relativ große Rotationsbewegungen zulassen. Das Pferd kann seinen Kopf in jeder Achse bewegen und drehen. Ein Verdrehen des Halses zeigt aus meiner Erfahrung eine sehr starke Verspannung der Rumpfmuskulatur an.

Ein totes Maul, das Pferd wird mechanisch beigezäumt, es verwirft sich und versteift die Genickmuskeln.

auslösen. Das innere Auge wird sichtbar und der Mähnenkamm fällt in die neue Richtung – nach innen. Das Fallen des Mähnenkammes kommt jedoch nur zu beiden Seiten zustande, wenn die größten Effekte der natürlichen Schiefe beseitigt sind, das Pferd also konsequent durch taktmäßiges Vorwärtsreiten in eine sichere Anlehnung an beide Zügel geritten wurde.

Die Rumpfbiegung – anatomische Grundlagen

Um die Biegung des Pferdes im Sinne der Reitlehre zu verstehen, werfen wir einen Blick auf die Anatomie des Pferderumpfes.

Die Wirbelsäulenabschnitte der Hals- (sieben Wirbelsegmente) und der Schwanzwirbelsäule (18–21 Wirbelsegmente) des Pferdes sind sehr beweglich, wie jeder Reiter aus eigener Erfahrung im Umgang mit Pferden weiß. Anders verhält sich dieser Umstand im Bereich der Rumpfwirbelsäule. Die Brustwirbelsäule (18 Wirbelsegmente), die Lendenwirbelsäule (sechs Wirbelsegmente) und das Kreuzbein (ein solides knöchernes Segment, verschmolzen aus fünf Wirbel-Teilsegmenten, welches die Verbindung zwischen Wirbelsäule und Beckenring herstellt) sind als Stamm des Pferderumpfes verhältnismäßig stabil und nur wenig biegsam. Eine Beugung (Aufwölbung) und Streckung (Absenkung) der Rumpfwirbelsäule kann meiner eigenen Erfahrung nach je nach Rumpflänge und Pferdegröße circa eine halbe Handspanne aufwärts und eine ebensolche abwärts erfolgen. Die Rückenposition eines im Gleichgewicht gehenden Pferdes würde ich gerne als „getragenen“ Rücken bezeichnen wollen. Hierbei ist die Wirbelsäule quasi in einer physiologischen Nullstellung und der Rumpf/Brustkorb, aufgehängt im Wesentlichen zwischen den Schulterblättern der Vordergliedmaßen, wird dynamisch und frei getragen. Die muskuläre Schlinge

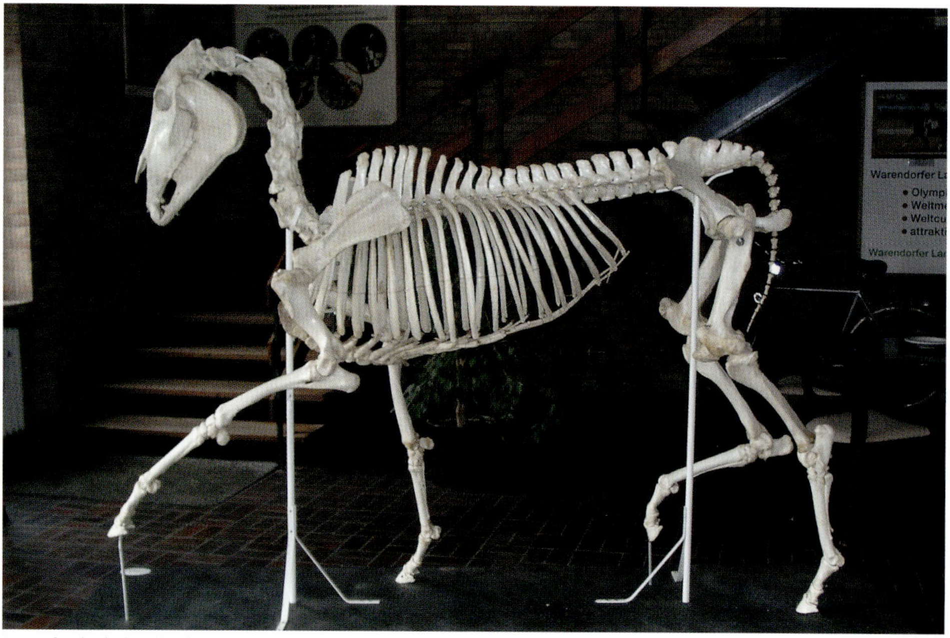

Das Pferdeskelett in der Seitenansicht.

(Muskulus Serratus – der „Gesägte" Muskel) und die Pectoralis – tiefe Brustmuskulatur) des Schultergürtels sichert beim balancierten Pferd eine dynamisch getragene, elastisch federnde Aufhängung des Brustkorbes zwischen den Schulterblättern.

Dieses getragene Gleichgewicht ist bei einem ungerittenen jungen Pferd immer erst dann in Gefahr verlorenzugehen, wenn ein Reiter aufsitzt. Es mag einzelne Pferderassen geben, bei denen züchterische Selektion (iberische Pferde, Gangpferde, Westernpferde und andere) sowie Aufzucht und Haltungsumstände den Rumpf bereits beim jungen Pferd absinken oder tief positioniert erscheinen lassen, da die spätere reiterliche Nutzung ein anderes Gleichgewicht fordert.

Das balancierte Pferd trägt sich und kann geschmeidige Rotationsbewegungen des Brustkorbes zwischen den Schulterblättern ausführen, ohne auf gebogenen Linien die Vorhand aus der Bewegungsrichtung zu drücken. Die Position der Schulterblätter und der entsprechenden Vordergliedmaße bleibt durch die Rotationsbewegung unbeeinflusst. Die äußeren Zügel- und Schenkelhilfen können ein Ausweichen der Schultern bei einem Pferd im Gleichgewicht bei der biegenden Arbeit verhindern, weil der Brustkorb in Selbsthaltung frei und ohne jeden Wider-

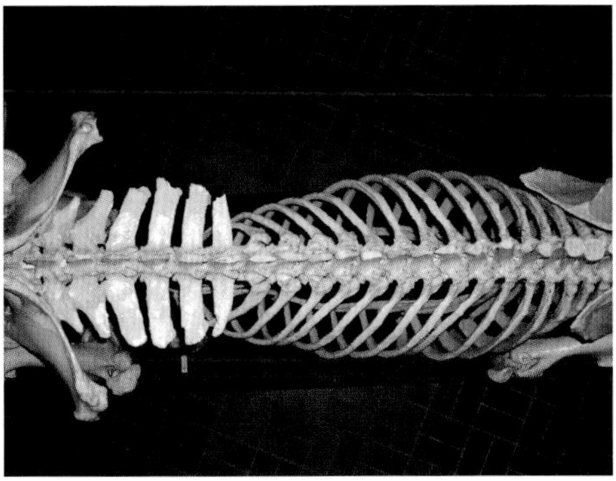

Die Rumpfwirbelsäule in der Draufsicht.

stand rotieren kann. Ein solches Pferd ist im Trab und im Galopp kaum zu hören, es bewegt sich beinah lautlos wie eine Katze. Ein Pferd jedoch, dessen Brustkorb zwischen den Schulterblättern durch falsche reiterliche Einwirkung ungewollt abgesenkt ist, wie es beim Schenkelgänger oder beim sogenannten Spannrückengänger der Fall ist, hört man laut stampfend vorbei trampeln. Diese Pferde verschleißen ihre Gliedmaßen.

Einen im positiven Sinne „aufgewölbten“ Rücken sehe ich bei Pferden in höherer Versammlung (Piaffe). Bei ihnen hebt sich der Rumpf zwischen den Schulterblättern zunehmend mehr, das Pferd wächst vorne, gibt dem Reiter das Gefühl es kommt „im“, „hinter“ oder „vor“ dem Widerist hoch, dem Reiter also entgegen. Die vordere Brustwirbelsäule und der Brustkorb kommen dem Reiter entgegen, die Lendenwirbelsäule/ Lendenpartie wölbt sich hierbei mit zunehmender Beugung des Lumbosacralgelenks, durch vermehrte Lastaufnahme und weiteres Untertreten der Hinterbeine unter den Schwerpunkt auf.

Eine der wichtigsten anatomischen Gegebenheiten für den später gewünschten Effekt der korrekten Biegung im Rumpf (Beugung der Hanken des jeweils inneren Hinterbeines) ist die Stabilität der Rumpfwirbelsäule in sich und die innige und feste Verbindung des Kreuzbeines und damit der Lendenwirbelsäule mit dem Becken. Jede seitliche Biegung des Rumpfes, aus der Vogelperspektive gesehen, beeinflusst die Position der Hüfthöcker so, dass sie jeweils nach vorn oder hinten verschoben werden, je nachdem, ob der jeweilige Hüfthöcker bezogen auf die Biegung innen oder außen liegt. Jede Rotation der Wirbelsäule bedingt eine Absenkung des inneren Hüfthöckers (Beckens) hin zur Innenseite der Biegung.

An dieser Stelle noch einmal einige hoffentlich klarstellende Hinweise zu dieser entscheidenden physiologischen Eigenschaft eines im Gleichgewicht gehenden Pferdes:

Nur ein an den Zügel herantretendes, in Selbsthaltung gehendes mit durchschwingendem Hinterbein arbeitendes Pferd kann gebogen werden. Fehlt dieser klare „Zug“ zur Reiterhand, das taktmäßige rhythmische Traben und der losgelassen schwingende Rücken, kann nicht von einem Pferd in diesem Gleichgewicht gesprochen werden. Viele Reiter verwechseln diese unterschiedlichen Gleichgewichte und finden nicht zu einer klaren Ausbildungssystematik!

Ich möchte erneut von einer Vermischung der Ideologien zum Nachteil des Pferdes warnen!

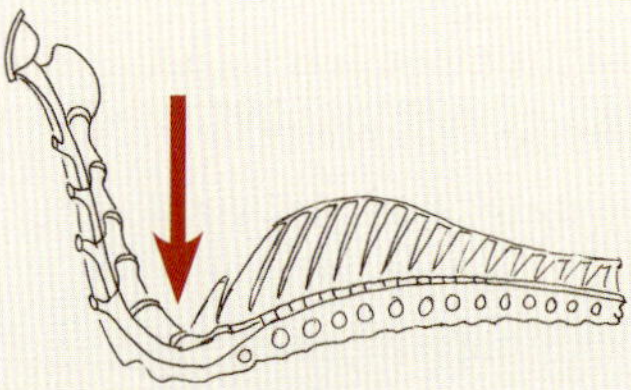

Die Wirbelsäule des Halses (HWS) und der Brust (BWS). Beachten Sie den Bogen des Überganges HWS – BWS.

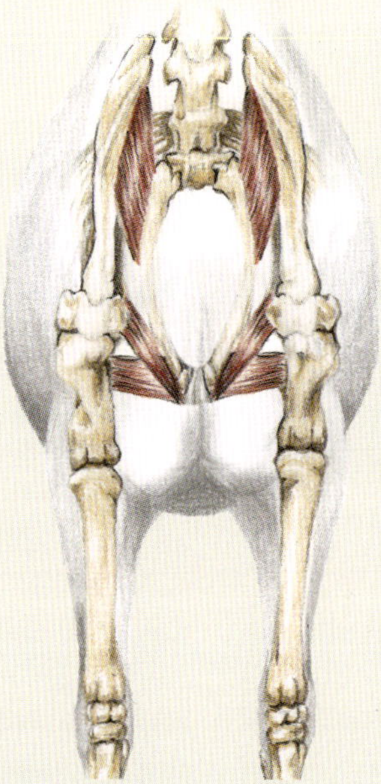

Hier noch einmal der normal positionierte Rumpf eines Pferdes in Selbsthaltung.

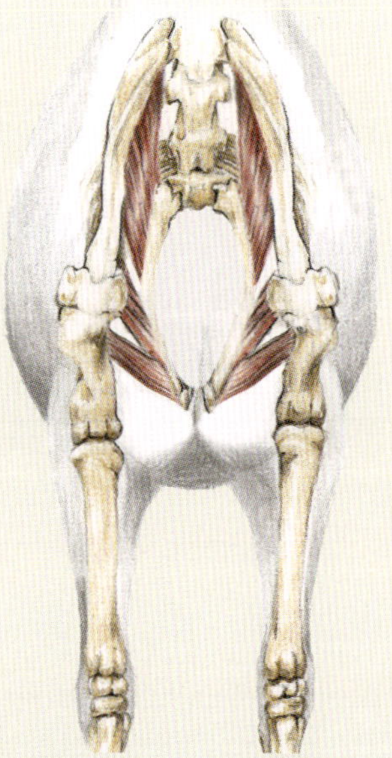

Der abgesenkte Rumpf eines Spannrücken- oder Schenkelgängers, der die für eine Biegung notwendige Rumpfrotation verhindert.

Die Rumpfrotation

Sowohl das „Tiefersitzen" des Reiters auf der Innenseite des gebogenen Rumpfes, als auch der „nach innen versetzte Fußungspunkt des inneren Hinterbeines" lassen sich ausschließlich mit einer Rumpfrotation nach innen/unten (Absenkung des inneren Rippenbogens und des Beckens in der Biegung) erklären.

Nachdem die einzelnen Wirbel der Rumpfwirbelsäule nahezu keine Rotationsbewegung zwischen den Wirbelkörpern erlauben, muss das Becken welches im Iliosacralgelenk straff mit dem Kreuzbein und somit mit der Wirbelsäule verbunden ist, dieser Rotationsbewegung quasi vollständig folgen. Eine Abwärtsrotation des Beckens führt damit auch zu einer Abwärts-Einwärts-Bewegung des, bezogen auf die Biegung, inwendigen Hüfthöckers und natürlich auch des entsprechenden Hüftgelenkes. Als Folge fußt das innere Hinterbein leicht nach innen versetzt innerhalb der Spur des inneren Vorderbeines, in Richtung Schwerpunkt unter den Rumpf, auf.

Die nur wenige Grad betragende effektive Biegung bringt das angesprochene innere Hüftgelenk leicht nach vorne.

Da bei einem entsprechend gymnastizierten Pferd die Biegung des Rumpfes durch Sitz- und Schenkeleinwirkung des Reiters über längere Zeit erhalten werden kann, bleibt die abgesenkte und leicht nach vorne verlagerte Position des Hüftgelenks für die Dauer des „Gebogen-Seins" des Pferdes bestehen. Die entscheidende Folge dieser Biegung ist demnach ein gymnastizierender, hankenbeugender Effekt auf das innere Hinterbein.

Diese Hankenbeugung kann jedoch nur entstehen, wenn die entsprechende Rumpfmuskulatur, insbesondere die durch Fasziеnverbindung entstandene Muskelkette der Langen Sitzbeinmuskeln, der Kruppenmuskeln und des Langen Rückenmuskels nachgiebig ist. Das Pferd muss kräftig genug sein, um die angefragte Hankenbeugung tragen zu können, es muss aber auch geschmeidig und durchlässig genug sein, um sie zuzulassen!

Ein verspannter Rücken würde weder Biegung noch Hankenbeugung zulassen. Sind die entsprechenden Kriterien nicht erfüllt, würde das Pferd mit dem der Biegung zugewandten inneren Hinterfuß nach innen – vom Schwerpunkt weg (in allen traversartigen Stellungen) oder mit dem äußeren Hinterfuß nach außen (in allen schulterhereinartigen Stellungen) ausfallen. Eine entsprechende Biegung ginge verloren oder sie war nie gegeben. Auch kann ein Pferd über die, der vermeintlich gebogenen Rumpfseite gegenüberliegende äußere Schulter ausfallen, wenn nicht der Rumpf gebogen, sondern lediglich der künstlich gelockerte oder nicht stabilisierte Hals vor dem Widerrist nach innen abknickt und der Rumpf gerade oder schief bleibt (Ausfallen über die äußere Schulter).

Es gibt also im Wesentlichen zwei Gründe dafür, dass sich ein Pferd auf der Zwangsseite dem biegenden Schenkel des Reiters widersetzt und dem Reiter oft das Gefühl gibt, es ginge gegen den Schenkel. Das Pferd macht es seinem Reiter auf der hohlen oder falsch gebogenen Seite schwer, es gerade zu halten, also das Ausfallen des inneren Hinterfußes nach innen und ein Ausfallen der äußeren Schulter nach außen zu verhindern.

Um diesen Problemen entgegenzuwirken, versuchen viele Reiter, die Pferde mit der Hand rückwärts auszubilden – einer der häufigsten Fehler. Aber statt ein Nachgeben zu erreichen, wird der negative Effekt noch verstärkt, denn je mehr Verspannung im Genick und Rücken des Pferdes entstehen umso größer wird der Effekt der natürlichen Schiefe. Die natürliche wird zu einer künstlichen, durch falsche Ausbildung verstärkten Schiefe. Diese Schiefe wird vielen Pferden zum Verhängnis, bis hin zu falschen Beurteilungen durch Tierärzte, die oft eine nicht diagnostizierbare oder/und nicht heilbare Lahmheit feststellen, was leider nicht selten das Ende eines Pferdes bedeutet.

Den Einstieg in diesen oft unheilvollen Weg stellt recht häufig das sich einrollende junge Pferd dar, welches von Anfang an niemals die Chance bekommt, sein natürliches Gleichgewicht mit langem Hals zu finden!

Ein weiteres, nicht selten auftretendes Problemfeld stellen die Pferde dar, die historisch züchterisch aus einer anderen Kultur kommen und deshalb von Anfang an den Rücken, eigentlich gewünscht, tiefer tragen. Die Hälse dieser Pferde sind als Konsequenz häufig natürlich hoch aufgerichtet (Ausnahme Westernpferde).

Will der Reiter ein solches Pferd zu einem Dressurpferd ausbilden, so steht er wie viele andere Reiter mit nicht balancierten Pferden vor dem Problem, weder eine solide Anlehnung, noch Takt, noch Losgelassenheit, noch Schwung zu bekommen. Der Rücken wurde nicht konsequent genug ins Gleichgewicht gearbeitet!

Egon von Neindorff beschreibt in seinem wunderbaren Buch, *Die reine Lehre der Klassischen Reitkunst* den Weg, der zu gehen ist, um den Rücken eines solchen Pferdes anzuheben und das Pferd in die Selbsthaltung zu bekommen. Häufig werden halbherzige, wohlgemeinte Versuche unternommen, dieses Gleichgewicht herzustellen. Schließlich ist es dann doch wichtiger, eine sogenannte „Piaffe" zu bekommen, bevor das Pferd vor den treibenden Hilfen durchlässig und biegsam geworden ist.

Ein solches Pferd mit einem tief hängenden Rumpf stemmt sich auf gebogenen Linien nicht selten deutlich gegen den inneren Schenkel des Reiters, Biegung ist unmöglich. In diesem Moment ist es jedoch nicht die Biegung, die zur Debatte steht, sondern das horizontale Gleichgewicht. Das Pferd muss lernen, vorwärts zu gehen, seinen Hals fallen zu lassen, es muss an die Hand heran treten, den Rumpf in Gleichgewicht heben und seinen Takt zu finden. Nur dieser und kein anderer Weg führt dann endlich auch zur korrekten Biegung!

Aus der Tatsache, dass ein verspannter Pferderumpf nicht zu biegen ist, leiten einzelne Autoren die These ab, der Pferderumpf sei grundsätzlich nicht zu biegen.

Ich halte es für ziemlich mutig, ein über etwa zwei Jahrhunderte gewachsenes System in Frage zu stellen, welches nachweislich zu einer Vielzahl durchlässiger, leicht zu reitender Pferde geführt hat. Dieses Ausbildungssystem, von nahezu allen seriösen Autoren der letzten Jahrhunderte regelmäßig bestätigt, stellt die sichere Basis unserer heutigen Lehre dar.

Die in unserer gegenwärtigen Sportindustrie gezeigte, häufig sehr schlechte Spannungsreiterei als Beweis für das „Nichtfunktionieren" der Klassischen Reitlehre heranzuziehen, ist geradezu lächerlich!

Die Systematik der Erarbeitung der Biegung wird in Steinbrechts *Das Gymnasium des Pferdes* vorzüglich entwickelt.

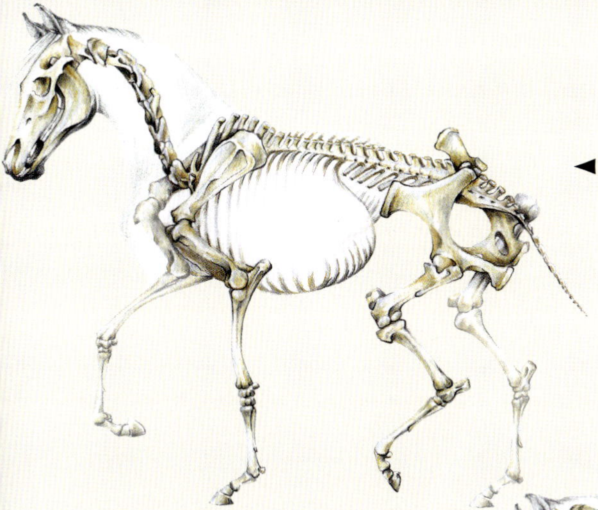

◄ Das korrekt gebogene Pferd.
Das innere Hinterbein fußt schwungvoller nach vorne unter den Schwerpunkt.

Bewegungsphase wie oben mit etwas höherem Versammlungsgrad (der Weg zur Piaffe). ►

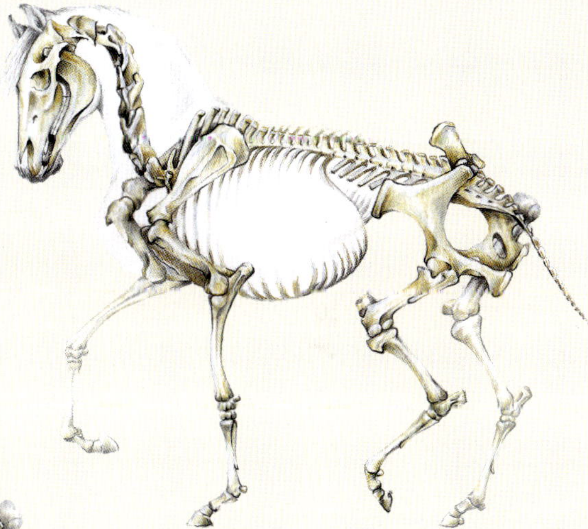

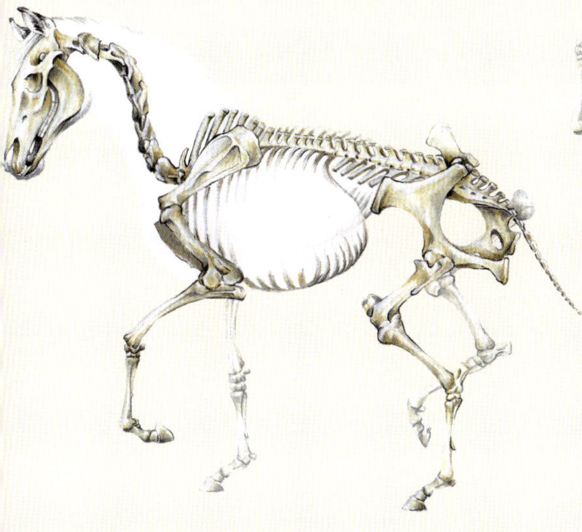

◄ Versammelter Trab. Das innere Hinterbein stützt, die Hanken beugen sich. Alle Merkmale korrekter Biegung mit versammelnder Wirkung sind dargestellt: Stellung im Genick, Biegung des Rumpfes, Rumpfrotation, Absenkung des inneren Hüftgelenks und eine sich daraus herleitende Beugung der Hanken des inneren Hinterbeins.

Stellung und Biegung in der Praxis

Der Weg in Richtung Versammlung beginnt mit einem sicheren Arbeitsgleichgewicht, bei dem das Pferd rhythmisch mit schwungvollem Gang in sicherer Anlehnung und sicher vor den treibenden Hilfen geht. Der Reiter sitzt geschmeidig schwingend im Gleichgewicht. Erst dann kann mit der korrekten Biegung des Pferderumpfes begonnen werden, welche mit zunehmendem Maß den Versammlungsgrad erhöht.

Biegung und was sie wirklich bedeutet

Auf die anatomischen Voraussetzungen und Auswirkungen von Biegung und Stellung wurde bereits eingegangen, aber wie kommt sie eigentlich zustande? Warum ist die Biegung des Rumpfes so wichtig für die Durchlässigkeit und die Versammlung? Aus welchen Gründen ist eine zu frühe, zu starke und falsche Abbiegung des Halses so gefährlich und warum kann eine solche das gesamte Gleichgewicht zerstören?

Die Beantwortung dieser und vieler weiterer Fragen führt uns schließlich zum wahren Verständnis von Durchlässigkeit und Versammlung. In zahlreichen Publikationen sehen wir Schemazeichnungen, auf denen Pferde dargestellt sind, deren gesamter Körper gleichmäßig gebogen auf der Linie einer sechs Meter Volte dargestellt ist. Jeder erfahrene Reiter weiß, dass sich der Hals des Pferdes leicht, der Rumpf des Pferdes jedoch schwer und nur wenig effektiv biegen lässt. Man geht davon aus, dass aus der Vogelperspektive betrachtet, abhängig von der Rumpflänge des Pferdes, eine seitliche Biegung von nur einigen wenigen Graden möglich ist. Ein Pferd mit einem langen Rumpf lässt sich etwas mehr biegen als ein kurzes.

Korrekte Biegearbeit setzt ein sicheres Arbeitsgleichgewicht voraus. Die Schweifhaltung des Pferdes deutet auf eine leichte Abwehrspannung im Lendenbereich hin.

Diese tatsächliche Biegbarkeit des Pferderumpfes, aus der Vogelperspektive gesehen, reicht jedoch niemals aus, um ein Pferd so stark zu biegen, dass es in Deckung mit der Linie einer acht oder gar einer sechs Meter großen Volte zu bringen ist.

Wieso ist es dennoch möglich, eine derart starke Längsbiegung des Pferderumpfes zu erarbeiten, bei der die Hinterhand des Pferdes auf einer sechs Meter großen Volte nicht nach außen schwenkt und ausfällt, sondern bei der das äußere Hinterbein dem entsprechenden

Brustwirbelsäule – Lendenwirbelsäule mit Becken in einer Schrägansicht von vorne oben.

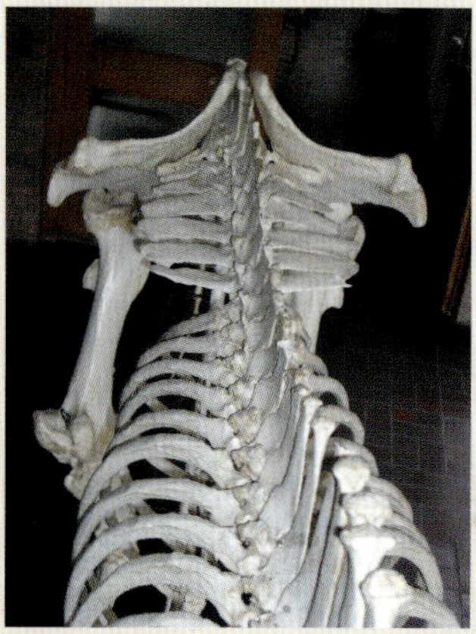

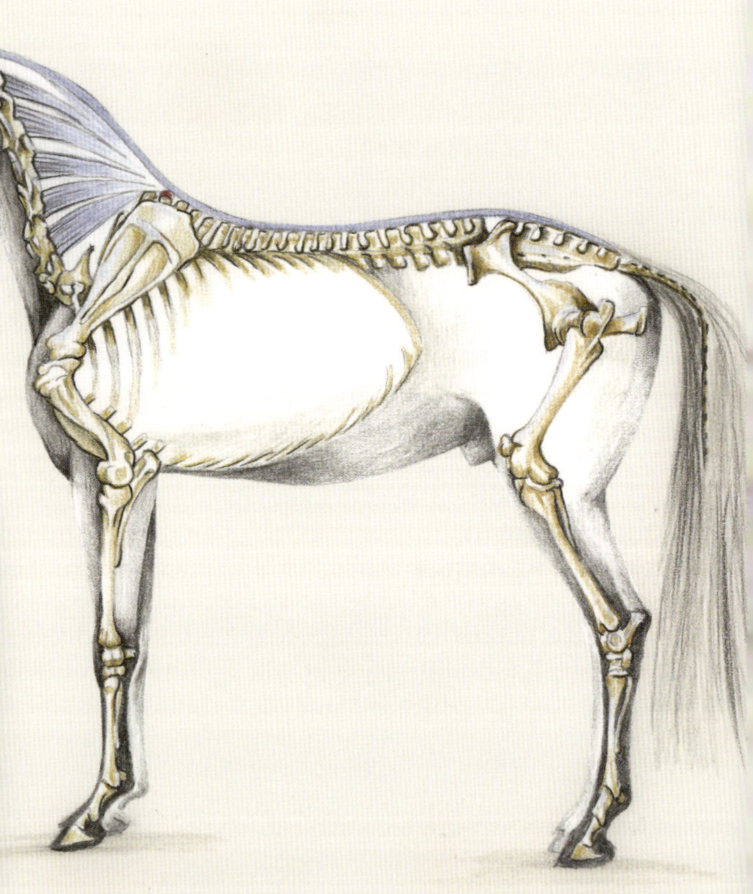

Das Pferd im Gleichgewicht. Blau dargestellt das Nackenrückenband.

Vorderbein folgt? Das innere Hinterbein fußt dabei leicht nach innen versetzt Richtung Schwerpunkt und beugt sich passiv in der Stützbeinphase in den Hanken.

Es gibt zwei entscheidende Elemente, mit denen sich begründen lässt, warum eine Biegung des Pferdes im Sinne der klassischen Reitlehre überhaupt stattfinden kann.

Der erste wichtige Bestandteil der Biegung ist die, wenn auch geringe, effektive Rumpfbiegung (Vogelperspektive) im Bereich des Brustkorbes des Pferdes. Diese Biegsamkeit der Wirbelsäule, die nur zwischen dem neunten und dem 18. Brustwirbel möglich ist, war bereits den Reitmeistern zu Anfang des 20. Jahrhunderts bekannt. Als anatomische Begründung mag die Tatsache dienen, dass vor dem neunten Brustwirbel (erster bis achter Brustwirbel) alle Rippen mit dem Brustbein verbunden sind. Sie formen den tragenden Teil des Brustkorbes. Er ist an dieser Stelle in sich sehr stabil und im Grunde nicht zu biegen. Die folgenden zehn Wirbel (neunter bis 18. Brustwirbel) sind mit den zehn sogenannten Atmungsrippen verbunden und lassen aufgrund ihrer wesentlich größeren Beweglichkeit (fehlende feste Verbindung mit dem Brustbein) die gewünschte Rumpfbiegung zu. An den 18. Brustwirbel schließt sich die Lendenwirbelsäule an, welche durch die weit ausladenden und breiten Querfortsätze ebenfalls nur sehr wenig Biegung zulässt. Es bleibt der Rumpfbereich zwischen neunter und 18. Rippe als biegsamste Stelle des Rumpfes.

Max Freiherr von Redwitz stellte 1914 in seinem Werk *Die Deutsche Reitvorschrift im Lichte der Reitkunst,* Erstes Heft, mit Erstaunen nicht nur genau diese anatomische Gegebenheit fest, sondern auch, dass die Alten Meister schon lange vor seiner Zeit von „Rippenbiegung" gesprochen haben. Diese, seine Erkenntnis, war also entweder früher schon bekannt oder wurde empirisch erfühlt.

Spätere Publikationen, die den Lendenbereich für den biegsamsten halten, halte ich für nicht richtig. Bei vielen Pferden wird die Lendenwirbelsäule mit zunehmendem Alter unbeweglicher. Nearthrosen (neue vergrößerte Gelenkflächen) und Verknöcherungen bilden sich zwischen den Querfortsätzen aus und stabilisieren diesen Wirbelsäulenbereich mit zunehmendem Alter eines Pferdes immer mehr. Die Frage nach der exakten Biegbarkeit der Rumpfwirbelsäule des Pferdes sollte eventuell im Rahmen pathologischer Untersuchungen an verschiedenen veterinärmedizinischen Hochschulen und Universitäten einmal abschließend wissenschaftlich geklärt werden.

Das zweite sehr wichtige Element ergibt sich aus der Beobachtung, dass ein korrekt gebogenes Pferd seinen Reiter entsprechend dem Maß der erreichten Biegung „mit sanftem Hang in die Biegung" Gustav Steinbrecht (*Das Gymnasium des Pferdes,* Seite 177 und 178), also mit dem inneren Gesäßknochen etwas tiefer, setzt. Eine weitere Beobachtung bestätigt diesen biomechanisch interessanten Vorgang.

Das innere Hinterbein fußt nämlich in der Biegung nicht wie das äußere in die Spur des Vorderbeines, sondern leicht einwärts versetzt innen neben den Hufabdruck des gleichseitigen Vorderfußes.

Diese letzten beiden Beobachtungen erklären das zweite Phänomen der Biegung des Pferdes als Ergebnis seiner korrekten Gymnastizierung: Die bereits beschriebene Rumpfrotation.

Die Biegung auf einem Hufschlag

Der „aktiven" oder „direkten" Biegung auf einem Hufschlag wie unten beschrieben, geht die passive indirekte Biegung bei einem jungen Pferd oder einzelnen Korrekturpferden voraus. Dies meint das Nachgeben am äußeren Zügel, das hier das zentrale Element ist, vorausgesetzt, das Pferd geht vorwärts und tritt gleichmäßig an beide Zügel heran. Die Remonte (oder ein steifes Korrekturpferd) kann noch nicht aktiv gebogen werden.

Ist ein Arbeitsgleichgewicht (Rhythmus/Takt) hergestellt, bewegt sich das Pferd mit einem schwingenden Rücken (beginnende Losgelassenheit) und in sicherer Anlehnung im Trab, kann mit der Erarbeitung der indirekten oder passiven Biegung begonnen werden.

Die Biegearbeit beginnt mit dem sogenannten „Biegen auf einem Hufschlag" in Form der indirekten Biegung. Beide Körperhälften werden bestmöglich gleichmäßig dehnungsbereit gemacht. Für diese erste Biegearbeit bei Remonten nach etwa einem Jahr der Grundausbildung eignen sich zum Beispiel alle großen gebogenen Linien wie Zirkel, Schlangenlinien durch die Bahn in drei Bögen, aus dem Zirkel wechseln (die große Acht) und die einfache Schlangenlinie an der langen Seite. Nach Erreichen einer guten gleichmäßigen Dehnungsbereitschaft beider Rumpfseiten wird, ebenfalls auf großen Linien, mit der Erarbeitung der direkten Biegung, der Biegung zweiten Grades, begonnen. Der Übergang verläuft fließend und kann nach meiner Erfahrung in circa neun Monaten vollzogen werden.

Für diesen Arbeitsprozess bietet die klassische Literatur drei, wie ich meine, synonyme Begriffe an: Steinbrecht (1884) spricht schlicht vom „Biegen auf einem Hufschlag". Kurt Albrecht (von 1974 bis 1985 an der Wiener Hofreitschule) spricht vom „Weich Machen am inneren Schenkel". Max Freiherr von Redwitz spricht in seinem Werk *Die Deutsche Reitvorschrift im Lichte der Reitkunst* im Ersten Heft auf Seite 67 ff. nach analytischer Betrachtung der alten Meister in diesem Zusammenhang von der Erarbeitung des „Pliés".

Aus meiner Sicht sprechen alle drei Autoren vom gleichen Vorgang. Sie reiten ein in sicherem Gleichgewicht trabendes Pferd auf einer großen gebogenen Linie, der innere Schenkel liegt sicher am Sattelgurt, der äußere verwahrend zurück.

Der Moment, in dem die verwahrende Wirkung des äußeren Schenkels zunehmend an Bedeutung gewinnt, beschreibt den Übergang der Biegung ersten Grades (indirekte Biegung) zur Biegung zweiten Grades (direkte Biegung). Die Akzeptanz des inneren Schenkels und die Sensibilität auf denselben kann durch wohldosiertes und rich-

Junges Pferd im natürlichen Gleichgewicht. Die Erarbeitung der Rumpfbiegung kann beginnen.

Das weiter geförderte junge Pferd in der ersten Position. Stellung und beginnende Rumpfbiegung sind deutlich zu erkennen.

tig ausgeführtes Schenkelweichen erarbeitet werden. Fließend, fast unbemerkt, bekommt der innere Schenkel eine größere Bedeutung. Der aktiv am Gurt vorwärts-seitwärts einwirkende Schenkel wirkt jetzt zunehmend mehr gegen einen passiv verwahrenden äußeren und die beschriebenen Effekte wie die Stellung im Genick, die Rumpfbiegung, die Rumpfrotation und die einseitige Hankenbeugung entstehen quasi von selbst. Die Auswirkungen dieser Biegearbeit stellen sich zuerst vor dem Reiter, im Genick und im Hals des Pferdes ein. Erst wenn der Rücken des Pferdes angehoben im Gleichgewicht und der Hals vor dem Widerrist fallengelassen ist, kann das Pferd am inneren Schenkel nachgeben oder wie Kurt Albrecht einmal erläuterte: „weich werden". Das Weichwerden am inneren Schenkel ermöglicht dann eine aktive/direkte Biegung oder die sogenannte Biegung „zweiten Grades" (Waldemar Seunig).

Der innere Schenkel erarbeitet so in konsequenter, geschmeidig „atmender" Einwirkung das erste geringe Maß an aktiver Rumpf- oder Rippenbiegung. Diese erste Biegung führt zunächst zu einer Verbesserung der Anlehnung an den äußeren Zügel, die diagonale Hilfengebung auf gebogener Linie wird präzisiert.

Die konsequente Einwirkung des inneren Schenkels wirkt anhebend auf den Rumpf (Stabilisierung und Verbesserung des Gleichgewichts) und verbessert die Schwingung des Rückens (Losgelassenheit).

Das Wirksam-Werden des inneren Schenkels wird zunächst durch das Nachgeben des Pferdes im Genick in die Innenstellung angezeigt. Das innere Auge wird sichtbar, der Mähnenkamm kippt nach innen. Das Pferd wird geschmeidiger im Genick. Die Maultätigkeit wird verbessert, die Anlehnung konstanter, geschmeidiger und feiner. Der äußere Zügel bekommt seine führende Bedeutung. Der innere wird mehr und mehr zum sensiblen Feinkoordinator.

Außerdem verbessert sich die Geschmeidigkeit des Rückens. Das Pferd lässt mit zunehmender Biegung des Rumpfes seinen Reiter besser sitzen!

Die Voraussetzung dafür, ein Pferd korrekt biegen zu können, besteht unter anderem in einer korrekten Anlehnung. Um diese über den gesamten Ausbildungsweg zu erhalten, muss sehr viel Wert auf regelmäßiges konsequentes Vorwärtsreiten gelegt werden. Die dressurmäßige Arbeit in der Bahn sollte durch regelmäßiges Reiten im Gelände er-

Ein frischer Vorwärtsgalopp aktiviert und stärkt die Schubkraft, balanciert und löst den Rücken und verbessert die Anlehnung.

Josef Neckermann auf Antoinette in Aachen 1964.

gänzt werden, denn hier wird sich der frische Vorwärtsdrang des Pferdes von ganz allein entwickeln und entfalten.

Zur Erarbeitung der Biegung ersten Grades eignen sich im Grunde zunächst alle großen gebogenen Linien. Die Arbeit auf dem 20 Meter Zirkel, den Schlangenlinien durch die Bahn zunächst in drei, später vier und mehr Bögen, die einfache und doppelte Schlangenlinie an der langen Seite sowie vor allem das zunehmend vermehrte Ausreiten der Ecken fördern die Biegung auf einem Hufschlag. All die genannten Linien können sowohl zunächst als Biegung ersten Grades (indirekte Biegung) als auch später als Biegung zweiten Grades (direkte Biegung) geritten werden. Besonders das Herausarbeiten der Biegung in den Ecken kann der Entwicklung der direkten, aktiven Biegung dienlich sein.

Neben der Verbesserung der Anlehnung ist ein korrektes Zulegen mit einer Rahmenerweiterung (Streckung des Lumbosacralgelenkes, kurz LSG) verbunden. Die korrekte Versammlung führt neben der Hankenbeugung dann zum Gegenteil – zu einer Beugung des LSG. Eine erfolgreiche und effektive Biegearbeit kann nur mit aktiv nach vorne tretenden Hinterbeinen, einer sicheren Anlehnung und einem freien LSG erfolgen. Kein schwungloses, im Rücken lose durchhängendes, kurz tretendes und auch kein „spannig“ gehendes, schwebendes Pferd wird sich biegen noch entsprechend korrekt versammeln lassen.

Josef Neckermann auf Douglas in Aachen 1957.

Die Seitengänge – Biegung auf zwei Hufschlägen

Die Bedeutung oder besser die biomechanische Wirkung der aktiven/direkten Biegung kann durch die Erarbeitung der Seitengänge maßgeblich verbessert werden. Der beschriebene Effekt der Absenkung des Beckens nach innen und die Positionierung der inneren Hintergliedmaße Richtung Schwerpunkt wird im richtig gerittenen Seitengang noch einmal erheblich verstärkt.

Bei den Seitengängen geht es also nicht wie oft fälschlich angenommen darum, ein Pferd aus formalistischen oder traditionellen Gründen seitwärts zu reiten. Nein, es geht um die Verstärkung des gymnastizierenden Effektes der Rumpfbiegung auf das innere, zu biegende Hinterbein und den gesamten Pferdekörper. Nicht umsonst spricht Gustav Steinbrecht nur selten von Seitengängen, sondern in erster Linie von einer Biegung auf zwei Hufschlägen.

Die Trabstellung

Die Trabstellung oder erste Stellung kann auch als Vorstufe zum Schultervor und Schulterherein angesehen werden. Hierbei geht es um die Erarbeitung der ersten Rumpfbiegung auf zwei Hufschlägen, die quasi ein Bindeglied zwischen der Biegung auf einem Hufschlag und den Seitengängen darstellt. Mit der beginnenden Rippenbiegung wird sich das Pferd als erste Reaktion auf die entsprechende Hilfengebung (führender, versammelnder äußerer Zügel, stellender innerer

Zügel, biegender innerer Schenkel, verwahrender äußerer Schenkel) zuerst im Genick stellen. Die erste Rippenbiegung, die den inneren Hinterfuß etwas deutlicher anspricht, führt, wie weiter vorne besprochen, zu einer Absenkung des Beckens innen und damit neben dem hankenbeugenden Effekt natürlich auch zu einer Innenrotation des inneren Hüftgelenks. Der innere Hinterfuß wird deshalb leicht nach innen in Richtung unter den Pferderumpf aufgesetzt.

Bei dieser Übung kommen dem innerem Schenkel und dem äußerem Zügel die größte Bedeutung zu, alle anderen Hilfen sind ihnen untergeordnet. Die natürliche Reaktion des Pferdes, wenn es das Genick wirklich hergegeben hat, und ohne klare entsprechende Schenkeleinwirkung, würde zur Galoppstellung – der zweiten Stellung – führen. Das äußere Beinpaar bleibt beim Erarbeiten der ersten Stellung auf einem Hufschlag.

Aus meiner Sicht lässt sich der Begriff „Trabstellung" als Synonym für den eingangs erwähnten Begriff „Plie" sowie den Grundgedanken Kurt Albrechts, wenn er vom „weich machen am inneren Schenkel" spricht, verwenden. Gustav Steinbrecht empfiehlt, mit Geduld so lange bei dieser Grundlektion zu verbleiben, bis das Pferd am inneren Schenkel weich geworden ist und nicht mehr mit der Hinterhand ausweicht.

Auf die Lektion Schenkelweichen sollte spätestens ab dieser Ausbildungsphase vollständig verzichtet werden, um das Ausfallen des äußeren Hinterfußes bestmöglich zu vermeiden.

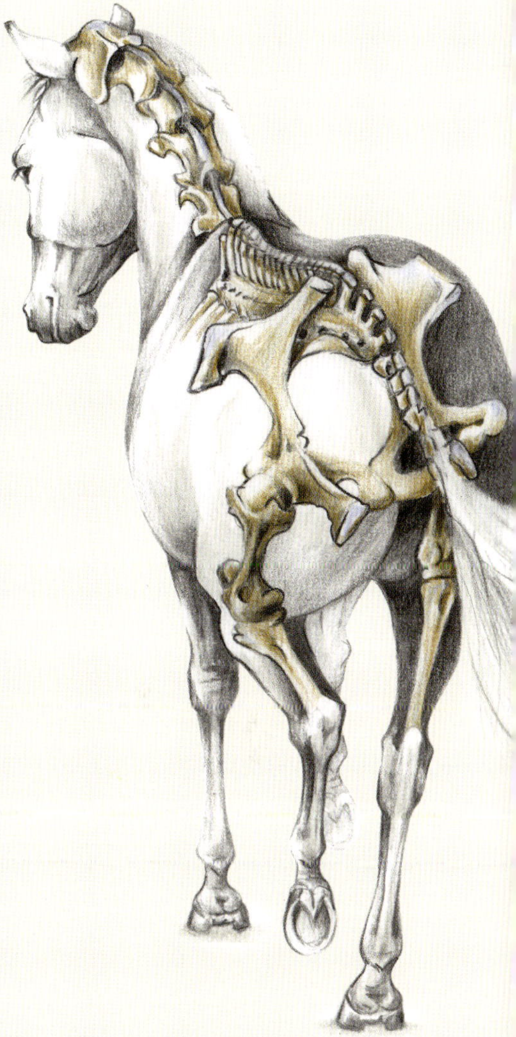

In der Trabstellung lässt sich das Pferd durch den weich anliegenden inneren Schenkel biegen. Dabei kommt neben diesem dem äußeren Zügel die größte Bedeutung zu.

Das Schulterherein

Das Schulterherein ist der zentrale Seitengang; von ihm leiten sich alle anderen Seitengänge ab. Ohne diesen sind Travers, Renvers oder Traversalen nicht korrekt ausführbar. Die Lektion selbst (Schulterherein) leitet sich gewissermaßen von der Biegung auf einem Hufschlag ab. Das auf den inneren Schenkel sensibel gemachte Pferd wird durch diesen gebogen und die Vorhand durch eine leichte Drehung des Oberkörpers sowie durch eine sensible Mitwirkung des inneren und ein leichtes Nachgeben am äußeren Zügel in die Bahn geführt. Der äußere Schenkel bleibt verwahrend zurück und verhindert, anfangs unterstützt durch die Bande, das Ausfallen des äußeren Hinterbeines. Die Hinterbeine treten dabei weiter geradeaus auf zwei Hufschlaglinien, die Vorderbeine bewegen sich ebenfalls auf zwei Hufschlaglinien, jedoch um etwa eine Hufbreite nach innen versetzt. Der wesentliche Effekt des Schulterherein ist der, dass sich die Hinterbeine nicht wie beim Schenkelweichen kreuzen, sondern der innere Hinterfuß in Richtung Schwerpunkt des Pferdes geführt wird, um dort durch das Körpergewicht nach dem Auffußen passiv gebeugt zu werden.

Im heutigen Turniersport-Reglement ist beim Schulterherein eine maximale Abstellung der Vorhand erwünscht, bei der das innere Hinterbein dem äußeren Vorderfuß folgt. Von vorn gesehen sind drei Beine sichtbar, da sich das äußere Vorderbein (wie in der LPO gefordert) auf derselben Linie wie das innere Hinterbein bewegt und dieses dadurch verdeckt. Diese Anforderung an das Schulterherein kann von einem korrekt ausgebildeten Pferd nach etwa zwei bis drei Jahren korrekter Ausbildung erfüllt werden. Sehr weit geförderte Pferde, welche die maximal mögliche Rumpfbiegung erreicht haben, können ein Schulterherein auch in größerer Abstellung (vier Hufschlaglinien) ausführen. Wird diese Anforderung zu früh gestellt, fällt das Pferd in ein unerwünschtes Schenkelweichen, die Biegung geht verloren, das Pferd lernt, mit den Hinterbeinen auszufallen. Von hinten gesehen beginnt die Kruppe im falschen oder übertriebenen Schulterherein hin und her zu kippen. Das recht häufig zu beobachtende „Wackeln" mit der Kruppe entsteht oder der Pferderücken wird innen gegen den Reitersitz nach oben geschoben. In der barocken Szene ist diese Form des Schenkelweichens regelmäßig zu sehen und wird dennoch als Schulterherein bezeichnet. Ein sicheres und untrügliches Bild für diese falsche Verständnis ist der falsche, nach außen in die Bewegungsrichtung des Pferdes geneigte Sitz des Reiters.

Bei der Arbeit im Schulterherein ist es besonders wichtig, dass am Anfang niemals eine zu starke, dem Schenkelweichen gleiche oder ähnliche Abstellung gefordert wird, da sonst die Gefahr des Ausfallens der Kruppe, das heißt des äußeren Hinterbeines, sehr groß ist. Erwartet der Reiter in dieser Ausbildungsphase eine zu starke Biegung und sind Fähigkeit und Kraft des inneren Hinterbeines, sich dementsprechend stärker zu beugen, noch nicht genügend ausgebildet, würde sich das innere Hinterbein versteifen, das Pferd die Kruppe innen hochschieben, die Biegung völlig aufgeben und wie oben beschrieben in ein falsches Schenkelweichen fallen. Der gewünschte hankenbeugende Effekt wäre zerstört. Steinbrecht sagt hierzu in seinem Werk *Das Gymnasium des Pferdes* auf Seite 172:

> *„Wie der Reiter bei Steigerung der Seitenstellung vorsichtig vorgehen und mit vieler Geduld oft lange Zeit bei den ersten Graden, also bei der Trabstellung, verweilen muß, so wähle er auch die Linien dazu mit Umsicht, damit er dem jungen Pferd die Aufgabe nicht unnütz erschwere. Er benutze zunächst, wie bei den Biegungen auf einem Hufschlag, die Bande der Bahn nicht nur als Richtschnur, sondern auch als Unterstützung für den äußeren Schenkel, die Hinterhand am Ausfallen zu hindern."*

Gelingt der korrekte Abstellungswinkel im Schulterherein, ist unbedingt darauf zu achten, dass das richtige Maß an Vorwärtsbewegung erhalten bleibt. Der für diese Vorwärtstendenz verantwortliche äußere Hinterfuß muss daher mit dem äußeren Schenkel aktiv gehalten werden, sodass erstens die Anlehnung am äußeren Zügel erhalten bleibt und zweitens der äußere Zügel in Zusammenwirkung mit dem inneren Schenkel des Reiters den inneren Hinterfuß des Pferdes entsprechend der Abstellung des Seitenganges in den Hanken beugen kann.

Die Biomechanik des Schulterhereins und der Zusammenhang mit dem korrekten Reitersitz

Das entscheidende Qualitätsmerkmal des Schulterhereins als versammelnde Lektion ist der Ausdruck in der Bewegung, der in jedem Fall erhalten bleiben muss. Nur wenn der Gang des Pferdes mit zunehmender Abstellung, Biegung und damit Versammlung ausdrucksstärker wird, was nur möglich ist, wenn Fleiß und Vorwärtsbewegung nicht verloren gehen, ist das Schulterherein korrekt ausgeführt. Aus diesem Grund muss der Abstellungswinkel sehr vorsichtig gewählt und das erste Reiten in Stellung (Trabstellung), Schultervor und später im Schulterherein immer mit korrekter Stellung im Genick und entsprechender Rippenbiegung erarbeitet werden.

Des Weiteren ist die Kontrolle des äußeren Hinterbeines ein wesentlicher Baustein für die Qualität eines richtigen Schulterhereins und unabdingbar für die Erarbeitung der gewünschten Biegung.

Betrachtet man das Schulterherein unter dem Aspekt der Biomechanik, kann man feststellen, dass sich dieser Seitengang auf das innere Hinterbein in seiner ersten Stützbeinphase beugend auf die Hanken auswirkt.

Das heißt, dass die Gelenke des inneren Hinterbeines, welches vorwärts einwärts unter den Körper Richtung Körperschwerpunkt schwingt und auffußt (Adduktion), ab dem Moment des Auffußens bis zur Senkrechtstellung des Hinterbeines (erste Abduktionsphase) zunehmend mehr gebeugt werden. Von der Senkrechten bis zum Abfußen des Hinterbeines (zweite Abduktionsphase) öffnen sich die Gelenke wieder und ein elastisch federnder Gang entsteht. Das Öffnen der in der ersten Abduktionsphase (Versammlungsphase) „gespannten Feder des Hinterbeines" sorgt in der Abschubphase (zweite Abduktionsphase) für die elastische Schwungentwicklung.

Besonders wichtig ist in diesem Zusammenhang, dass mit zunehmender Rumpfbiegung und damit vermehrter Tiefstellung des inneren Hüftgelenks, kombiniert mit einer Seitwärtsbewegung, der hankenbeugende Effekt kontinuierlich steigt. Diese Feststellung begründet den Sinn der Seitengänge. Verbunden mit dem versammelnden Effekt dieser Übungen ist die Verbesserung der Geschmeidigkeit des gesamten Pferdekörpers. Der Versammlungsgrad eines Seitenganges wächst mit dem Maß der Rippenbiegung in Verbindung mit dem angemessenen Maß an Abstellung. Je höher der Versammlungsgrad, desto größer sind deshalb natürlicherweise Ausdruck und Schwung der Bewegung.

Gustav Steinbrecht beschreibt in seinem Werk *Das Gymnasium des Pferdes* auf der Seite 174 das Wesen des Schulterhereins im Grundsatz wie folgt:

„Die starke Biegung des Rückgrats erfordert vollkommenen Gehorsam auf den Sporn, der die Neigung, diese Biegung durch Ausfallen der Nachhand aufzuheben und zu unterdrücken hat. Der Umstand, daß die Hinterhand auf den gebogenen Linien, also in allen Wendungen, den größeren Weg hat, bedingt ein starkes Unterschieben derselben gegen die Vorhand, damit er durch Annäherung an diese verringert werde. Ungeachtet dieser Schwierigkeiten muß das Schulterherein die Anfangs- und Grundlektion nicht allein der Schulen auf zwei Hufschlägen, sondern überhaupt der korrekten Kampagne- und höheren Schule bilden, weil dadurch allein die Rippenbiegung und Biegung der Hinterbeine am sichersten stufenweise und vollkommen gewonnen werden kann. Ist außerdem durch Arbeit auf dem Zirkel das einzelne Hinterbein als inneres an stärkere Biegung und Belastung gewöhnt, so wird es sich auch als äußeres leichter dazu ergeben, wenn sie im Travers und im Renvers oder bei den gleichmäßigen stärkeren Belastungen beider Hinterbeine von ihm gefordert wird. In richtiger Rippenbiegung liegt das Wesentliche dieser Lektion, denn sie bedingt vollkommenen Gehorsam auf den inneren und äußeren Sporn, da das Pferd dazu dem inneren weichen, den äußeren beach-

ten muß. Auf die Rippenbiegung richte daher der Reiter seine Hauptaufmerksamkeit und messe nach ihr die Biegung der Vorhand ab, damit die Biegung der gesamten Wirbelreihe gleichmäßig sei.“

Die Aussagen Steinbrechts bestätigen unsere bisherigen Erkenntnisse, aber wir finden auch einige Gedanken, die wir bisher nicht angesprochen haben. So wird an zwei Stellen die Bedeutung des Gehorsams auf den Sporn beziehungsweise die Sporen angesprochen. Nun ist klar, dass ein Sporn immer nur an den Fuß eines erfahrenen und ruhig sitzenden Reiters gehört, der diesen auch gezielt und klar verständlich für das Pferd einzusetzen vermag. Meiner Erfahrung nach ist es nicht oder kaum möglich, ein Pferd ohne Sporen wirklich vollkommen sensibel und nachgiebig auf den jeweils inneren Schenkel zu machen. Ein gut sitzender Reiter mit ruhig liegender Wade kann daher durchaus sein Pferd nach erfolgter Grundausbildung mit sinnvoll und überlegt zur Anwendung gebrachten Sporen arbeiten. Nur der richtige Einsatz des Sporns kann die Nachgiebigkeit auf den Schenkel so weit fördern, dass dieser im Lauf einiger Ausbildungsjahre höhere Biegungsgrade im Rumpf und damit höhere Versammlungsgrade im Verlauf der Ausbildung eines Pferdes ermöglicht.

Die Stellung im Genick sowie die Biegung des Halses sollten sich nach der Rippenbiegung richten – nicht umgekehrt. Die Gründe hierfür sind anatomisch begründet: Der, aus der Vogelperspektive betrachtet, vor dem Widerrist abgebogene Hals fördert das Ausfallen des Pferdes über die äußere Schulter.

Jede korrekte Biegung nimmt ihren Anfang in einer korrekten und sicheren Stellung im Genick. Erst die Stellung im Genick manifestiert das, für jede Biegung notwendige System diagonaler Hilfengebung. Wird schließlich der Bereich des Brustkorbes zwischen dem neunten und dem 18. Brustwirbel durch oben beschriebene systematisch aufgebaute Arbeit gebogen, so folgt der Hals mehr oder weniger automatisch! Die Hände verwalten das Erreichte, später, beim völlig durchlässigen Pferd können sie sich dann bis zu einem gewissen Maß aktiv am Stellen und am Biegen beteiligen. Neben den anatomischen und biomechanischen Voraussetzungen beim Pferd ist für eine korrekte Biegung natürlich der Sitz des Reiters entscheidend. Auch hier kursieren viele irrtümliche Empfehlungen und Einschätzungen, weshalb an dieser Stelle noch einmal ausführlicher darauf eingegangen werden soll.

Gustav Steinbrecht schreibt dazu von Seite 177 unten bis Seite 178 oben beginnend:

„Wie bei der Biegung auf einem Hufschlag wird der Reiter entsprechend dem Biegungsgrad einen leichten Hang nach innen erhalten, weil durch die Abspannung der Muskeln der inneren gebogenen Seite seine innere Hüfte sich etwas senkt. Der innere Schenkel kommt sowohl hierdurch als auch durch die Biegung der Rippen in stärkere

Fühlung mit dem Pferde. Diese natürliche Berührung reicht beim wohl geschulten Pferde bereits hin, es zum Weichen auf den inneren Schenkel zu veranlassen, und der Reiter bedarf daher bei solchem Pferde keiner künstlichen Verstärkung der Schenkelhilfe, es in der Schulterhereinstellung zu erhalten."

Auf Seite 179 unten bis Seite 180 oben schreibt er weiter:

„Im schulgerechten Schulterherein wird nämlich die innere Hüfte des Reiters vorgeschoben und gesenkt, und ihm dadurch ein sanfter Hang nach innen gegeben, der fördernd auf die Seitwärtsbewegung der Hinterhand einwirkt, wohingegen bei falscher Ausführung, wenn nämlich das Pferd ohne Rippenbiegung seitwärts weicht, die äußere Hüfte des Reiters vorwärts drängt und dadurch in eine Richtung bringt, die das Ausfallen, also das Seitwärtsrückwärts-Weichen nicht nur nicht hindern kann, sondern sogar fördert."

Auch ohne detaillierte Kenntnisse über die Biomechanik der Biegung gehabt zu haben, beschreibt Steinbrecht in diesen Textstellen das Wesen der Biegung alleine aus der Empirie heraus, wie ich meine, perfekt. Die ihm in diesem Zusammenhang noch nicht bekannte, zunehmend stärker werdende Rumpfrotation verstärkt den von Steinbrecht beschriebenen Einfluss des Pferdes auf den Sitz des Reiters. Es wäre völlig wider die Natur und vor allem wider den gewünschten Effekt, sich im Schulterherein nach außen zu setzen. Die Rumpfbiegung als solche und die Verstärkung derselben im korrekten Seitengang machen es zu einer natürlichen Sache und zu einem „Muss", mit sanftem Hang nach innen zu sitzen, was keinesfalls mit einem Einknicken „in" der inneren Hüfte zu verwechseln ist!

Noch ein Wort zum Schulterherein im Galopp. Es muss deutlich hervorgehoben werden, dass es unmöglich ist, im Schulterherein im Galopp, selbst bei höchster Versammlung, die gleiche Abstellung wie sie im Trab erreichbar ist zu verlangen. Die Trabstellung, gefolgt von Schultervor und Schulterherein, ist jedoch wichtiger Prüfstein für das Geschmeidigmachen und die Versammelbarkeit des Galopps! Um eine vermehrte Abstellung im Trab im Schulterherein zu erreichen, wird das Pferd mit den Hinterbeinen leicht kreuzen, ohne Taktverlust. Um sich der Anstrengung des Schulterhereins zu entziehen, wird daraus schnell ein unerwünschtes Schenkelweichen, das der Reiter verhindern wird. Dies ist im Galopp nicht möglich, da das Pferd hier anatomisch bedingt die Hinterbeine nicht kreuzen kann, ohne seinen Takt zu verlieren. Bei einem Kreuzen der Hinterbeine im Galopp ist ein zeitgleiches Auffußen des inneren Hinter- und des äußeren Vorderbeines nicht mehr möglich, mit anderen Worten: Die Diagonale würde gebrochen, der Dreitakt des Galopps wird zum Viertakt. Noch einmal zusammengefasst: Im Schulterherein im Galopp ist im Vergleich zum Trab nur eine geringere Abstellung (drei Hufschlaglinien) möglich und ein Pferd kann sich dem Schulterherein im Galopp nicht ohne Taktverlust durch ein Schenkelweichen entziehen.

Zum Schluss der Betrachtung des Schulterhereins möchte ich noch einmal Gustav Steinbrecht (*Das Gymnasium des Pferdes*, Seite 180 oben) zu Wort kommen lassen, denn besser kann man es auch über 100 Jahre später kaum formulieren:

„Wenn ich nunmehr dieses wichtige Kapitel schließe, so geschieht es mit der ernsten Mahnung an jeden Reiter, das Studium des richtigen Schulterhereins unermüdlich zu betreiben und es als Hauptstütze der ganzen Dressur zu betrachten, durch die er aus dem Pferde nicht nur alles das gewinnen und entwickeln kann, was die Natur ihm mitgegeben hat, sondern auch Fehler in Haltung und Gang, die sich durch falsche Arbeit eingeschlichen haben, gründlich zu beseitigen vermag. Reiter, die die wunderbare Macht dieser Lektion vollkommen erkannt haben, mühen sich nicht ab, ihre Pferde durch dauernden Wechsel der verschiedensten Stellungen biegsam und gehorsam zu machen, denn sie wissen, daß aus dem richtigen Schulterherein alle Schulen hervorgehen, deren sie zur Erreichung des vorgesteckten Ziels bedürfen, sei die wohlbegründete Richtung ins Gleichgewicht, sei es die auf die Hanken."

Die Zweite Stellung – Galoppstellung

Das Reiten in Galoppstellung muss als die Mutter des Travers angesehen werden. Das äußere Bild dieser Lektion stellt ein Pferd in korrekter Innenstellung und beginnender Rumpfbiegung dar, bei dem der äußere, der Bande zugewandte Hinterhuf leicht (circa eine Hufbreite) unter die Mitte des Pferdekörpers in Richtung Schwerpunkt verschoben auffußt. Der innere Hinterhuf folgt dem gleichseitigen Vorderhuf. Dabei bezieht sich der Begriff „Galoppstellung" nicht auf die Gangart, sondern diese Stellung kann sowohl im Trab als auch im Galopp geritten werden. Der Name kommt daher, dass der äußere Hinterfuß, der den Galopp auslöst, dafür weiter nach vorn treten muss.

Frage

Werden wirklich die Hinterfüße kräftiger, das heißt die jeweilige Gliedmaße, nicht nur fähiger zur Hankenbeugung sondern auch muskulär kräftiger?

Ja! Ohne diese Kräftigung der Extensoren der Hinterhand gibt es keine Hankenbeugung! Sowohl das Vorwärtsreiten als auch das Biegen stärkt die Strecker. Vorwärts stärkt die Kontraktionsleistung, Biegung die passive, isometrische Nachgiebigkeit dieser Streckmuskeln!

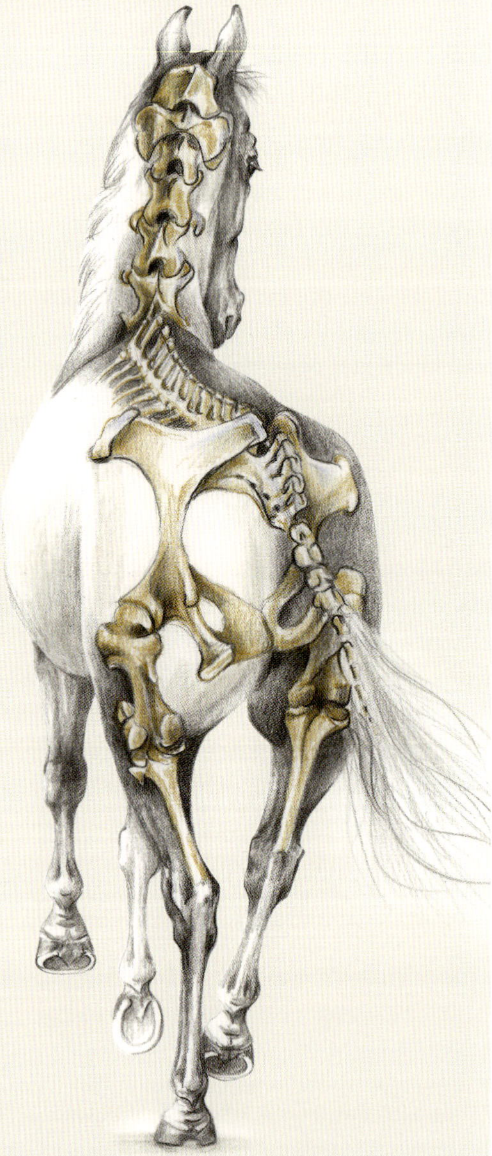

In der Galoppstellung fußt der äußere Hinterfuß leicht versetzt nach innen in Richtung Schwerpunkt.

Anhand der Beschreibung könnte man zunächst annehmen, dass ein gymnastizierender Effekt auf den inneren Hinterfuß in dieser Stellung nicht oder kaum gegeben ist. Ähnlich wie bei dem Biegen eines Pferdes auf einem Hufschlag kommt diese Wirkung jedoch alleine schon durch die Biegung des Rumpfes zustande.

Im Moment der einsetzenden Rumpfrotation, verbunden mit einer geringgradigen effektiven Biegung der Rumpfwirbelsäule, würde das innere Hinterbein beim Reiten auf einem Hufschlag, der Beckenrotation folgend, leicht in die Richtung unter den Schwerpunkt fußen.

Wird jedoch der äußere Hinterfuß aufgefordert, sich weiter zum Schwerpunkt zu bewegen und soll das Pferd dabei die Rumpfbiegung weiterhin aufrecht erhalten, wird der innere Hinterfuß wieder dem entsprechenden Vorderfuß folgen, was jedoch nur möglich ist, wenn er sich stärker in den Hanken beugt. Die Senkrechtstellung des inneren Hinterfußes, trotz vorhandener Rumpfbiegung und der damit verbundenen Tiefstellung des Beckens, führt zu diesem Effekt.

Man könnte also sagen, dass das Reiten in Galoppstellung bezüglich der Systematik der Seitengänge exakt zwischen dem Schulterherein und dem Travers steht. Es verstärkt aus biomechanischer Sicht den Biegeeffekt auf die Hanken, den die korrekte Biegung des Rumpfes auf einem Hufschlag auf dieselben ausübt. Das senkrecht stehende innere Hinterbein wird gymnastiziert.

Die erzieherische Wirkung dieser Übung zur Sensibilisierung des Pferdes auf einen richtungsweisenden, seitwärts führenden äußeren Schenkel festigt die Zusammenarbeit mit dem führenden inneren Zügel. Der innere Schenkel beaufsichtigt den inneren Hinterfuß und sichert in Zusammenwirkung mit dem äußeren Zügel die den Rumpf biegende und versammelnde Wirkung auf den inneren Hinterfuß.

Ein weiteres wertbildendes Element ist, wie im Schulterherein, der sanfte Hang des Reitersitzes nach innen in die Biegung. Es kann so absolut sichergestellt werden, dass der innere Hinterfuß (besonders wichtig später im Travers) auf seiner Ideallinie bleibt und sich nicht einer Lastaufnahme und der entsprechenden Beugung entzieht. Die beschriebene Steigerung der Elastizität des Ganges kann es nur geben, wenn der Reiter genau in der Schwerlinie sitzt und das innere Hinterbein so auffußt, dass es sich nach entsprechender Adduktion diesem Schwerpunkt nähert.

Die Kontrolle des inneren Hinterbeines ist ein wesentlicher Baustein für die Entwicklung der korrekten Biegung im Travers!

Je größer der Grad der Rumpfbiegung, der Grad der Seitwärtsbewegung und damit die Versammlung ist, umso wichtiger werden die einzelnen beschriebenen Elemente.

Ein einfach seitwärts „gequetschtes" Pferd, welches keine Rumpfbiegung aufweist, verliert immer seinen Takt (den reinen Gang), vor allem im Trab, und überlastet dadurch seine äußeren Gliedmaßen. Der Schutzmechanismus der elastischen Hanken (Hankenbeugung) fehlt, der Fesseltrageapparat wird dadurch extrem belastet.

Gustav Steinbrecht nennt die Trabstellung den Prüfstein für das Travers im Galopp, die Galoppstellung sieht er als Prüfstein für den Trab an (*Das Gymnasium des Pferdes*, Seite 183):

„Man folge daher dem Beispiel der alten Meister, die die Vollkommenheit ihrer Schulen nach der Reinheit der Gänge in den nicht verwandten Stellungen beurteilen und daher den Trab als Probe des Travers, den Galopp aber als die des Schulterherein aufstellen. Sie erlauben sich im Galopp nicht eher Travers-Stellungen, als bis sie diese im reinen und gesammelten Trabtempo vollkommen befestigt und den Galopp in möglichst vollkommener Trabstellung so ausgebildet hatten, daß sie das innere vollkommen beherrschten."

Das Travers

Das Travers stellt die logische Weiterentwicklung des Reitens in der sogenannten Galoppstellung dar. Der Versammlungsgrad nimmt mit dem Grad der Rumpfbiegung kontinuierlich zu, das heißt, dass auch das Maß der Seitwärtsbewegung mit dem Grad der Biegung größer werden kann, ohne dass die Reinheit der Gänge und das Wesen der Lektion verloren gehen.

Im Travers folgt das Pferd mit seiner Vorhand dem Hufschlag, die Hinterhand fußt, angemessen und entsprechend der Rumpfbiegung, nach innen ins Bahninnere versetzt auf. Dabei bewegt sich das Pferd bei einer geringen Biegung und damit geringen Abstellung auf drei Hufschlaglinien, bei mehr Abstellung auf vier Hufschlaglinien.

Die Bande unterstützt den äußeren Zügel und stellt damit sicher, dass vor allem das jüngere Pferd rhythmisch seinen Gang halten kann. Im Travers entlang der Bande ist es für den Reiter leichter, seinen Sitz im sanften Hang nach innen und das Pferd vor den treibenden Hilfen zu halten.

Steinbrecht schreibt in seinem Werk *Das Gymnasium des Pferdes* dazu auf Seite 186 oben:

> *„Die mit leichtem Hang des Reiters verbundene sanfte Vermehrung des Körpergewichts auf der inneren Seite wirkt im Travers, in dem die Fortbewegung in gleicher Richtung mit der Hinneigung der Last stattfindet, so lange fördernd auf den Gang, als die Schwerlinie des Reiters mit der des Pferdes zusammenfällt. Hört diese Harmonie zwischen beiden Körpern auf, so wirkt der Reiter als fremder Körper überhaupt hindernd auf den Gang ein. […]"*

Das Travers ist die leichtere, der Traversale vorausgestellte Lektion.

Wie das Schulterherein lebt das Travers von der Biegung. Die Rumpfbiegung kombiniert mit korrekt angepasstem Maß an Seitwärtsbewegung erhöht den gymnastizierenden und versammelnden Effekt auf das zu biegende Hinterbein.

Im Travers geht die Vorhand entlang dem Hufschlag geradeaus, der Rumpf biegt sich nach innen und die Hinterhand ist entsprechend dem möglichen und gewünschten Maß an Versammlung ebenfalls nach innen abgestellt, sodass aus der Betrachtung von hinten drei oder vier Hufschlaglinien entstehen. Auch Kopf und Hals haben eine dem übrigen Biegungsgrad angemessene Innenstellung und -biegung.

Führt im Schulterherein der innere, biegende Schenkel gleichzeitig die Hinterhand, gibt die Richtung vor und kontrolliert den zu biegenden inneren Hinterfuß, so ist das im Travers deutlich abweichend.

Die richtungsbestimmende Bedeutung des inneren Schenkels ist im Travers nicht mehr gegeben. Der äußere Schenkel führt und bestimmt mit dem inneren Zügel die Richtung. Ein Travers mit entsprechend versammelnder und gymnastizierender Wirkung entsteht aber nur, wenn das Zusammenspiel zwischen innerem Schenkel und äußerem Zügels gegeben ist. Der biegende Schenkel bleibt der innere, auch wenn und gerade weil sich das Pferd jetzt auf ihn zu bewegt. Diese beiden Hilfen, äußerer Zügel und innerer Schenkel, biegen und versammeln. Ein weiterer wesentlicher Unterschied zum Schulterherein besteht in der etwas andersartigen biomechanischen Wirkung auf den in den Hanken zu beugenden inneren Hinterfuß.

Im Schulterherein wie oben beschrieben wird der innere Hinterfuß in der Vorführ-

Travers auf dem Zirkel. Hier würde eine etwas geringere Halsabstellung im Verhältnis zur Rumpfbiegung ausreichen.

phase adduziert, also an den Pferdeleib herangeführt, und fußt unter dem Rumpf des Pferdes auf. Die Beugung der Hanken, dieses jetzt schräg unter dem Pferdekörper stehenden Beines, beginnt im Moment des Auffußens und nimmt mit der Fortbewegung des Pferdes über dieses Bein bis hin zu seiner senkrechten Stellung kontinuierlich zu. Die Hanken werden in dieser „Versammlungsphase" gewissermaßen wie eine Stahlfeder passiv zusammengedrückt (erste Stützbeinphase oder erste Abduktionsphase), um dann in der zweiten Stützbeinphase wieder „auseinanderzuschnellen" wie eine Feder. Das heißt, dass sich die Hanken dieses inneren Hinterbeines von der senkrechten Stellung bis hin zum Abfußen öffnen, strecken und sich die passiv zusammengedrückte Feder quasi wieder entspannt. Dieser Effekt verleiht dem Gang des Pferdes dann die elastische Erhabenheit, seinen Schwung. Umgekehrt lässt sich sagen, dass ein Seitengang ohne diesen Effekt der Schwungentwicklung (-verbesserung) seine Wirkung verfehlt und deshalb auch kein korrekter Seitengang ist! Eine laufende Seitwärtsbewegung mit wackelnder Kruppe und ohne Schwungentwicklung ist kein Seitengang!

Im Travers wird das zu beugende Bein zunächst vom Körper weg geführt, abduziert und fußt dann vorwärts-seitwärts vom Rumpf des Pferdes entfernt in seiner Bewegungsrichtung auf. Es wird sodann in der ersten Adduktionsphase, der Bewegungsphase, in der die Gliedmaße an den Rumpf herangeführt wird (erste Stützbeinphase), passiv in den Hanken gebeugt. Der Beugevorgang dauert, wie im Schulterherein, bis zur Senkrechtstellung des inneren Hinterbeines (erste Stützbeinphase). In der zweiten Stützbeinphase, von der senkrechten Stellung des inneren Hinterfußes bis zum Abfußen schräg unter dem Pferdekörper (zweite Stützbeinphase oder zweite Adduktionsphase), öffnet sich die gespannte Feder wieder, die Hanken strecken sich mit passiver Elastizität und verleihen dem Gang seinen Schwung und Ausdruck. Dieses Merkmal kennzeichnet wie im Schulterherein einen korrekten Seitengang.

Es sind also unterschiedliche Bewegungs- und Stützbeinphasen, in denen die Hanken des jeweils inneren Hinterbeines (bezogen auf die Rumpfbiegung) in den verschiedenen Seitengängen gebeugt werden. Das Prinzip der Beugung der Hankengelenke ist jedoch das gleiche, nämlich die korrekte effektive Rumpf- und/oder Rippenbiegung erstens und die Rotation des Rumpfes zum Zweiten. Dadurch ausgelöst, führt eine Vorwärts-einwärts- und eine Tieferstellung des inneren Hüftgelenkes zum gewünschten Effekt. Der hankenbeugende Moment ist jedoch in den beiden Seitengängen in unterschiedlichen Phasen gegeben.

In beiden Lektionen ist der gymnastizierende Effekt nur und ausschließlich an die Rippenbiegung gekoppelt. Ist sie nicht gegeben, verliert das Pferd im Schulterherein die Hinterhand, geht nicht mehr vorwärts und geht in ein falsches, schlechtes, ungewolltes Schenkelweichen über. Das Pferd fällt auf die Vorhand und überlastet den äußeren Vorderfuß. Es bewegt sich laufend und verliert an Gang und Elastizität. Ein weiterer „moderner“ Fehler ist die Ausführung der Seitengänge im „Schwebetrab“, welcher Hankenbeugung und den daraus resultierenden Schwung vortäuscht! Diese passageartigen Seitengänge sind sehr gesundheitsgefährdend für die Gliedmaßen der Pferde. Auch ist es unmöglich, ein Pferd in der künstlichen Schwebe zu biegen und zu versammeln. Diese Pferde gehen in der Regel mit deutlichen Taktstörungen.

Im Travers weicht das Pferd, wenn der Rumpf nicht korrekt gebogen ist, mit dem inneren Hinterbein nach innen aus. Es entzieht sich dadurch der Hankenbeugung des inneren Hinterbeines, das äußere wird überlastet und die Schubkraft wird gebrochen. Das Pferd läuft zwar schräg, befindet sich jedoch nicht in einem korrekten Seitengang. Die Reiter sitzen häufig wie auch im falschen Schulterherein nach außen und schieben im falschen Travers oder einer falschen Traversale das Pferd gewissermaßen vor sich her.

Als Essenz daraus könnte man zwei wichtige Details formulieren: Erstens, die Arbeit im Travers sollte erst beginnen, wenn die Grundlage im Schulterherein gelegt ist, da es im Travers schwieriger ist, die korrekte Biegung zu erhalten, ohne das Pferd auf den inneren Zügel zu bekommen und das innere Hinterbein zu verlieren. Die führende Rolle des inneren Zügels im Travers darf niemals so interpretiert werden, dass das Pferd beginnt, sich auf diesen zu stützen.

Zweitens ist es von sehr großer Bedeutung, dass man darauf achtet, am Anfang der Arbeit mit den Seitengängen immer nur sehr kleine Abstellungswinkel abzufragen. Nicht ohne Grund beginnt der Reiter die Seitengänge immer in der ersten (Trabstellung) und zweiten Stellung (Galoppstellung).

Alois Podhajsky spricht in seinem Buch *Die klassische Reitkunst* von 1965 sinngemäß für die Spanische Reitschule in Wien ein Verbot aus, das Travers auf gebogener Linie zu reiten, auf geraden Linien nur selten. Das Renvers hingegen sollte überall und gerade auf gebogenen Linien erarbeitet werden. Er lässt diese Aussage ohne nähere Erklärung stehen. Nach reichlicher Erprobung und entsprechenden Studien an zahlreichen Pferden gibt es aus meiner Sicht nur eine schlüssige und sehr einleuchtende Erklärung für dieses Gebot. Besonders auf der hohlen Seite des Pferdes bietet jedes Pferd diese Stellung (das Travers) gewissermaßen von selbst an. Besonders auf dem Zirkel versuchen noch deutlich schiefe Pferde auf der hohlen Seite, mit dem inneren Hinterfuß nach innen in eine „traversähnliche" Stellung auszuweichen. Nimmt der Reiter diese an, im Glauben, er reite einen Seitengang, so begibt er sich in die Gefahr, seinen inneren, biegenden Schenkel nicht zu benutzen. Die Konsequenz wäre, dass die vorhandene Rumpfbiegung verloren geht, auf jeden Fall keine Biegung entstehen kann.

Auch Steinbrecht war sich dieser Tatsache bewusst. Er empfiehlt dem Reiter deshalb, besonders auf gebogener Linie im Travers an Schulterherein zu denken. Im Schulterherein ohne Anlehnung an der Bande oder auf gebogenen Linien an Travers zu denken. Er rät also, im Travers auf gebogenen Linien besonders sorgfältig den inneren und im Schulterherein besonders den äußeren Schenkel zu berücksichtigen!

Aus dem Gesagten geht noch einmal deutlich hervor, dass ein gedankenloses Herein- oder Herausschieben der Hinterhand bei Seitengängen immer kontraproduktiv ist und niemals zur Versammlung führt.

Die Traversale

Bei einer Traversale bewegt sich das Pferd in einer Vorwärts-seitwärts-Bewegung parallel zur langen Seite. Es ist dabei in die Bewegungsrichtung gestellt und gebogen. Das Kreuzen der Beine entsteht dadurch, dass das Pferd gebogen ist und auf einer geraden (diagonalen) Linie geht – die Beine müssen zwangsläufig kreuzen, sonst wäre eine solche Bewegung unmöglich. Auch die Vorhand befindet sich im Gegensatz zum Travers in einer

Seitwärtsbewegung. Der Wert der Lektion, wie auch bei allen anderen Seitengängen, liegt in der korrekten Rumpfbiegung. Die Seitwärtsbewegung erhöht lediglich den gymnastizierenden Effekt auf das innere Hinterbein. So wird die hankenbeugende Wirkung umso größer, je mehr das Pferd gebogen und seitwärts geführt wird.

Bei jüngeren Pferden sollte großer Wert auf ein korrektes und flüssiges Schulterherein gelegt werden, bevor mit dem Travers und schließlich mit der Traversale begonnen wird. Wie im Schulterherein ist die Übung zunächst so zu reiten, dass sich das Pferd auf drei Hufschlaglinien bewegt. Dabei geht die Vorhand voran! Ein häufig zu sehender Fehler ist eine vorauseilende Hinterhand – dann erreicht man zwar auch drei Hufschlaglinien, dabei geht jedoch die Vorwärtsbewegung verloren und man erlangt nicht den gewünschten gymnastizierenden Effekt. Es ist in der Traversale unbedingt zu vermeiden, dass nur der Hals nach innen gezogen wird oder die Halsabstellung eine Unterbrechung der gleichmäßigen Biegung der Wirbelsäule aus der Vogelperspektive ergibt. Vor dem Widerrist sollte kein Knick entstehen, da dieser eine korrekte Biegung mit dem gewünschten Absenken der inneren Hüfte unmöglich macht. Das Pferd würde über die äußere Schulter ausfallen.

Irmgard von Opel auf Sylvaner in der Vorbereitung auf die Olympischen Sommerspiele 1952 in Warendorf. Hier in einer Traversale.

Ist ein Pferd nach mehrjähriger korrekter Ausbildung zu höherer Versammlung hin gefördert worden und hat die Durchlässigkeit ein sehr hohes Niveau erreicht, können die Seitengänge auch auf vier Hufschlaglinien, also mit größerer seitlicher Abstellung und Seitwärtsbewegung geritten werden, ohne dass im Schulterherein das äußere und in der Traversale das innere Hinterbein ausfällt und dadurch der gymnastizierende Effekt auf das der Biegung zugewandte innere Hinterbein gewissermaßen verpuffen würde.

Immer wieder sieht man bei verschiedenen Dressurreitern ein gedankenloses Hereinschieben der Hinterhand in dem Irrglauben, man reite eine Traversale. Die praktische Ausführung entspricht gewissermaßen einem Schenkelweichen in die Bewegungsrichtung mit in die Bewegungsrichtung abgeknicktem Hals.

Der Grad der Biegung und damit das Maß der Versammlung lässt sich nur über einige Jahre Ausbildung hinweg entwickeln. Es ist nicht möglich, einfach „über Nacht" eine Schulterherein- oder Traversal-Stellung abzufragen, ohne dabei das Gleichgewicht und den Gang des Pferdes massiv zu stören.

Durch rigide Zügel- und/oder krampfhafte Schenkeleinwirkung erzwungene Seitengänge sind nicht nur für die Gymnastizierung des Pferdes wertlos, sondern sie zerstören auch seine Gesundheit!

Alle Seitengänge, richtig entwickelt und korrekt ausgeführt, fördern die Geschmeidigkeit und Durchlässigkeit und erhöhen dadurch systematisch die Versammlungsfähigkeit und damit auch die Versammlungsbereitschaft des Pferdes.

Die Konterlektionen

Konterlektionen der genannten Seitengänge können im Grunde auf jeder Hufschlaglinie geritten werden. Sie stellen allerdings, auf gerader Linie geritten, keine Erhöhung der Anforderung an den Reiter dar, da ein Konterschulterherein oder ein Renvers nichts anderes als ein Schulterherein oder ein Travers auf der anderen Hand darstellt.

Die besondere Anforderung an den Rumpf biegenden Schenkel stellen die Konterlektionen auf gebogenen Linien dar, da nur dann der nach außen weisende Schenkel der biegende innere ist! Die Bedeutung der Konterstellung eines jeden Seitenganges wird damit erst bei entsprechender Ausführung auf gebogenen Linien wirklich effektiv.

Neigt ein Pferd dazu, regelmäßig mit der Kruppe auszufallen, kann nach entsprechender Fixierung der Anlehnung im Vorwärts mit geringer Konterstellung, später ein Konterschultervor bis hin zum Konterschulterherein geritten werden, um das eigentlich äußere Hinterbein (in der Konterstellung inneres Hinterbein) so zu sensibilisieren, dass das äußere Hinterbein in seiner eigentlichen Schulterherein-Stellung besser kontrolliert werden kann.

Die Konterlektionen zum Schulterherein und zum Travers (Konterschulterherein und Renvers) sind, bezogen auf die Hilfengebung und ihre Entwicklung, auf gerader Linie genauso zu betrachten wie ihre Mutterlektion. Ihre Besonderheit erhalten diese Lektionen, wenn sie auf gebogener Linie ausgeführt werden. Wir sprechen, wie auch bisher, immer dann vom inneren Schenkel, wenn wir den der hohlgebogenen Seite zugewandten Schenkel ansprechen.

Die Besonderheit wird dadurch deutlich, dass, zum Beispiel bei einem Renvers auf der Zirkellinie, der innere Schenkel der Außenseite des Zirkels zugewandt ist. Der vorher äußere und damit ursprünglich schiebende äußere Hinterfuß des Pferdes wird durch die Konterstellung und -biegung zum inneren Hinterfuß. Dieser wird sowohl im Konterschulterherein als auch im Renvers in den Hanken gebeugt, elastischer gemacht.

Diese Tatsache führt nach dem Zurückkehren auf den ursprüngliche Zirkellinie zu einer spürbaren Erhöhung der Elastizität im Trab, der Trab wird schwungvoller und damit ausdrucksvoller.

Genau dieser Effekt ist in meinen Augen ein Grund für Podhajskys Forderung, das Renvers systematisch auf gebogenen Linien bis hin zur Renversvolte zu entwickeln. Um dem Gegenteil vorzubeugen und ein Ausfallen der Hinterhand zu vermeiden, empfiehlt er, auf das Travers auf gebogener Linie ganz zu verzichten.

In den Konterlektionen, besonders im Renvers auf gebogener Linie, wird der Reiter gewissermaßen gezwungen, seinen biegenden inneren Schenkel korrekt einzusetzen! Hierin sehe ich unter anderem den besonderen Wert dieser Lektion.

Übung

Abschließend möchte ich anregen, eine Übung zu entwickeln, die ich selbst mit viel Erfolg regelmäßig ausführe und für sehr wertvoll halte:

Aus einer Ecke kommend oder aus einer Volte in der ersten Ecke der langen Seite entwickelt der Reiter ein Travers, anfangs mit geringer Abstellung und treibt sein Pferd mit dem inneren Schenkel nach einigen Tritten des Travers so auf einer gedachten Volte in der Seitwärtsbewegung nach vorn, dass ein Schulterherein entsteht.

Im ersten Segment, dem Travers, bleibt die Vorhand auf dem Hufschlag, die Hinterhand wird mit korrekt gebogenem Rumpf ins Bahninnere geführt. Das nach vorn getriebene Pferd wird nach Erreichen einer Schulterhereinstellung mit dem äußeren Zügel abgefangen und so weiter vorwärts geführt. Jetzt bleibt die Hinterhand auf dem Hufschlag, die Vorhand wird hereingeführt.

Die Übung steigert die Sicherheit des Pferdes, gebogen und vor dem treibenden inneren Schenkel des Reiters zu gehen und gleichzeitig den zum Erhalt der Biegung wichtigen äußeren verwahrenden Schenkel zu respektieren!

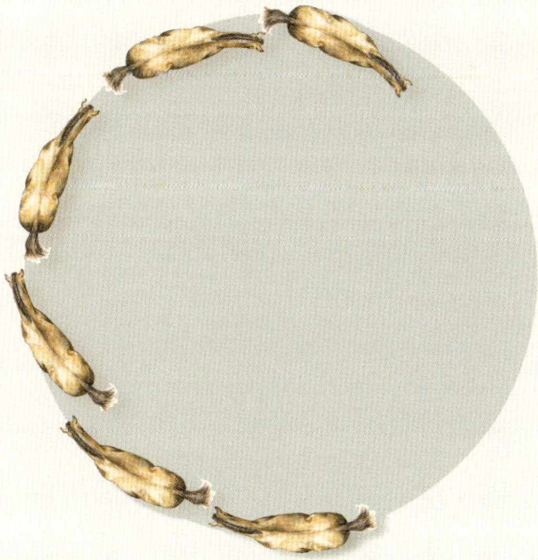

Die Folgen falsch verstandenen Ausbildens

und die Auswirkungen auf Stellung und Biegung

An dieser Stelle scheint es mir besonders wichtig, einmal klarzustellen, dass der Begriff Biegung sehr oft nicht korrekt verwendet wird. Sowohl mit Pferden, die aufgrund starker Verspannung der Rumpfmuskulatur nicht zu biegen sind, wie auch mit Pferden, die mit durchgefallenem Rücken und losen Zügeln im Schenkelgang gehen, werden trotzdem sogenannte Seitengänge gezeigt. In beiden Fällen hat das Gezeigte in der Regel nichts mit einem Seitengang gemein. So spricht Gustav Steinbrecht im Zusammenhang mit Seitengängen in seinem Werk in erster Linie von „Biegungen auf zwei Hufschlägen". Diese Begrifflichkeiten sollen klar machen, dass sowohl Pferde, die in einer der Passage ähnlichen Trabbewegung mit steifem Rumpf seitwärts daherschweben, keineswegs eine Traversale zeigen. Pferde, die mit durchhängenden Zügeln, abgesenktem Rücken und wackelndem Becken gehen, führen wohl eher ein ungewolltes Schenkelweichen als ein Schulterherein aus.

Das folgende Kapitel stellt die verschiedenen Balancestörungen in Bezug zur Biegung und der „Biegung auf zwei Hufschlägen".

Ein nach innen gezogener Pferdehals zerstört das gesamte Gleichgewicht.

Der sogenannte Spannrückengänger

Wie der Name schon sagt, verspannt ein solches Pferd den Rücken, was in der Folge eine korrekte Stellung und Biegung unmöglich macht. Vor allem zeigen überzäumte (sich einrollende, Rollkur-, Hyperflexions-, LDR-) Pferde dann eine falsche, statisch verspannte, starre Anhebung vor allem der Lendenregion mit abgesenktem Brustkorb. Hierbei ist das Lumbosacralgelenk jedoch überstreckt, die Lendenpartie also meist gerade und steif, die Neigung der Kruppe verschwindet zunehmend mit Verstärkung der Verspannung im Rücken. Lende und Kruppe nähern sich zuweilen einer geraden Linie. Die Rückenmuskulatur ist häufig brettartig und fest.

Die Aufhängung des Rumpfes im Schultergürtel ist verspannt, steif und oft abgesenkt. Der Bewegungsablauf der Vordergliedmaßen – dies ist besonders im Trab sichtbar – ist starr und mechanisch, kurz, steif und hässlich, manchmal parademarschartig! Die Pferde kommen in den Trab- und Galoppverstärkungen nicht wirklich „vom Fleck". Die Schultermuskulatur ist ebenfalls verspannt, durch das Absinken des Brustkorbes passiv gespannt, quasi in die Länge gezogen. Als Folge werden die Schulterblätter an den Rumpf herangezogen – sie kleben förmlich am Brustkorb und engen diesen ein. Selbstverständlich verhindert diese Absenkung die oben beschriebene Rotationsmöglichkeit des Brustkorbes ebenso wie die verspannten Rückenmuskeln eine korrekte Biegung unmöglich machen. Beim Versuch, ein solches Pferd zu biegen, weicht deshalb entweder die Hinterhand nach außen aus oder der Hals knickt entsprechend vor dem Widerrist nach innen ab. Das Pferd fällt über die äußere Schulter aus. Der starre Rumpf erlaubt kein Gleichgewicht im Pferdekörper! Es kann nur unter Spannung und/oder mit Zwang geritten werden.

Ein solches Pferd müsste bei einem Turnier der FN oder FEI sofort ausgeschlossen werden! Im Grunde dürften auch andere Pferdesportverbände (beispielsweise im Gang- oder Westernpferdesegment) derart verspannt gehende Pferde nicht akzeptieren. Ein solcher Zustand müsste immer unverzüglich zum Ausschluss führen, da er die Gesundheit des Pferdes in gravierender Weise negativ beeinflusst.

Merke

Bernhard Hugo von Holleuffer war der erste Autor Ende des 19. Jahrhunderts, der die Begriffe Rückengänger und Schenkelgänger benutzt hat. Aus seinen und den Ausführungen anderer Meister wie unter anderem Gustav Steinbrecht geht hervor, das bereits zu dieser Zeit die Zusammenhänge und das Verständnis des hier beschrieben Gleichgewichts vollständig verstanden und durchdacht waren!

Der sogenannte Schenkelgänger

Die zu tiefe Absenkung der Rumpfwirbelsäule beim Schenkelgänger besteht aus zwei

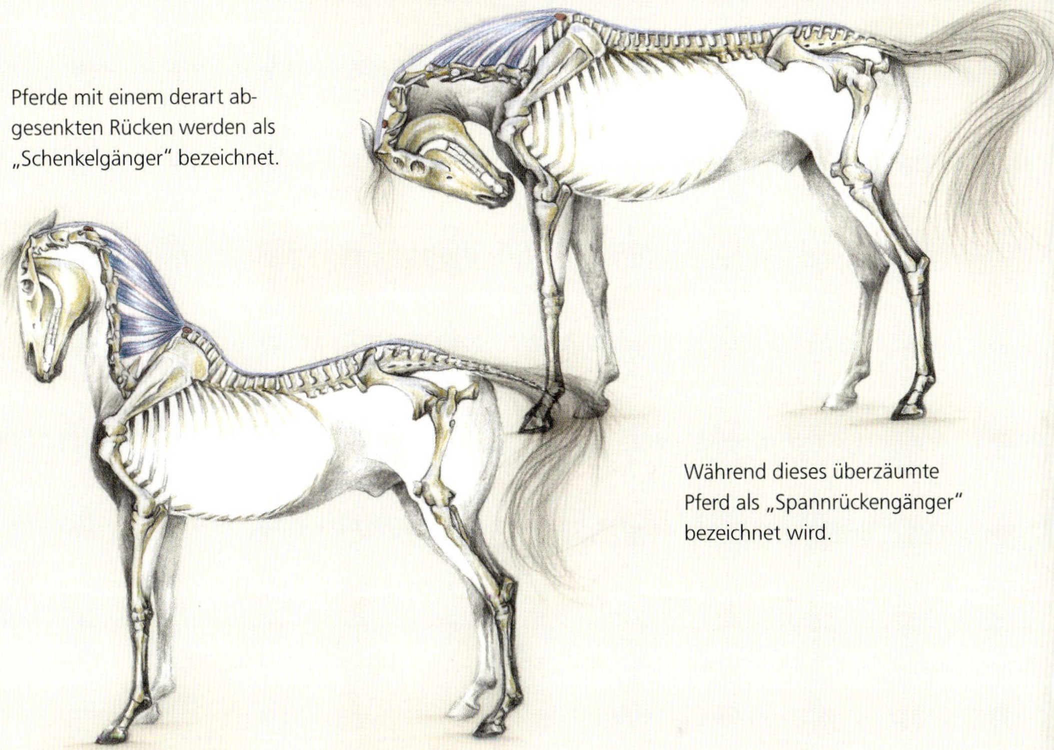

Pferde mit einem derart abgesenkten Rücken werden als „Schenkelgänger" bezeichnet.

Während dieses überzäumte Pferd als „Spannrückengänger" bezeichnet wird.

Elementen. Einmal der Überstreckung, „Durchbiegung", der Wirbelsäule nach unten und außerdem einem Absenken des Rumpfes/Brustkorbes zwischen den Schulterblättern. Der Brustkorb hängt gewissermaßen passiv in der Rumpfaufhängung der überstreckten Schultergürtelmuskulatur.

Der Reiter eines derart unbalancierten Pferdes hat das Gefühl, hinter dem Widerrist in einem Loch zu sitzen, da die Schulterblätter unverändert positioniert sind, der gesamte Rumpf (Brustkorb) in der Sattellage jedoch sichtbar durch Widerrist- und Brustwirbeldornfortsätze absinkt. Die Sattellage sinkt gewissermaßen nach unten, der Reiter sitzt quasi „auf der Vorhand".

Die Lendenpartie verspannt sich bei diesen Pferden in der Regel und drückt von hinten gegen den Sitz des Reiters. Nur schwachrückige Pferde lassen auch die Lendenpartie nach unten fallen und werden oft extrem empfindlich im Rücken (physisch und psychisch angespannt). Häufig beginnen sich diese Pferde dann einzurollen und vor dem Reitergewicht wegzulaufen, sie bleiben nicht am Sitz. Als Reaktion darauf fühlen sich die Reiter dann häufig genötigt, ihre Pferde mit starren, ziehenden Händen und einem maximal angespannten Sitz oder im schlimmsten Fall mit Zwangsmitteln (zum Beispiel Schlaufzügeln) zurückzuhalten.

Hängt der Brustkorb in der Schultergürtelmuskulatur und wird nicht, wie oben beschrieben, getragen, dann muss der Versuch einer Rumpfbiegung wie beim Spannrückengänger immer zum Ausfallen der Hinterhand oder dem Ausfallen über die äußere Schulter führen. Korrekte Biegung und damit Versammlung sind unmöglich!

Meistens kann der Reiter den Schenkel an ein solches Pferd kaum oder gar nicht anlegen. Jeder Schenkelkontakt führt an der maximal verspannten Rumpfwand zum Fluchtreflex, das Pferd rennt dem Reiter unter dem Sitz weg. Er wird genötigt, noch mehr zu halten und zu ziehen – der Kreislauf ins Verderben ist eröffnet! Nur wenige Schenkelgänger reagieren anders herum und verweigern jedes Vorwärtsgehen. Sie werden immer triebiger und fauler. Ihre Schenkelempfindlichkeit gleicht dann oft der des sprichwörtlich gefällten Baumstammes!

In beiden Fällen, sowohl beim Spannrückengänger als auch beim Schenkelgänger, befindet sich das Pferd in einem falschen beziehungsweise nicht im Gleichgewicht und kann dementsprechend nicht gebogen werden. Erstens ist es unmöglich, die Brust- und Lendenwirbelsäule in den Endpositionen (maximal gebeugt oder gestreckt) zu biegen, da die Gelenke in ihrer Endposition keine Lateralflexion mehr zulassen. Zudem ist die Rumpfmuskulatur bei Pferden, die sich nicht im Gleichgewicht befinden, mehr oder weniger verspannt. Dieser Verspannungszustand sowie die fehlende Möglichkeit des Rumpfes, sich zwischen den Schulterblättern zu bewegen, verhindert jede Längsbiegung und damit jede weitere korrekte Gymnastizierung! Derartige Pferde werden im falsch verstandenen Takt und Schwung (Spanntritte, Schwebetrab, passageähnlicher Trab) daherkommen, Laien begeistern oder den Reiter in schwunglosen Bewegungen mitschleppen.

Bei Pferden, die mit durchhängendem Zügel, also ohne konstante Anlehnung und deshalb mit tiefem, losem Rücken gehen, ist eine korrekte und effektive Längsbiegung wie beschrieben ebenfalls nicht möglich. Sie werden schwunglos und ohne jede Rhythmik und Kadenz eher laufend traben und galoppieren. Der Rücken befindet sich meist in einer (wenn in der Tradition der Gebrauchs- oder Arbeitsreitweisen korrekt geritten!?) lockeren, fallengelassenen Position und kann in dieser unteren Endposition ebenfalls nicht gebogen werden! Die fehlende Anlehnung, das fehlende Gleichgewicht (tiefe Rückenposition!) und der deshalb fehlende Schwung in den Gebrauchsreitweisen stellen die entscheidenden Unterschiede zwischen der in den vorherigen Kapiteln beschriebenen Klassischen Reitkultur und den historisch gewachsenen Arbeitsreitweisen wie etwa der

Derart gerittene Seitengänge verfehlen ihr Ziel. Das Pferd wird steif und kommt auf die Vorhand.

Stierkampf-Reiterei, der Iberischen Rinderarbeit zu Pferde und den verschiedenen Western Disziplinen dar.

Leider finden heute oft bedenkliche, manchmal unheilvolle Vermischungen statt, die auf unzureichendem Wissen und Verständnis um die Klassische Reitkunst bestehen. Deutlich zu sehen sind diese beschriebenen Unterschiede in der Ausführung von Seitengängen in den verschiedenen Reittraditionen. Bei einem in einem korrekten Seitengang gehenden Pferd entsprechend der Klassischen Reitkunst liegt der entscheidende Schwerpunkt der Lektion in der Rumpf- oder Rippenbiegung. Das innere Hinterbein wird dabei gymnastiziert.

Pferde, die in einem Arbeitsgleichgewicht in „Seitwärts-Bewegungen" geritten werden, bewegen sich „laufend" in schenkelweichenartigen Bewegungen ohne jede Rumpfbiegung mit hin und her kippender Kruppe und ohne jeden Effekt auf das innere Hinterbein. Die hin und her kippende Kruppe beispielsweise im Schulterherein ist ein typisches Symptom und ein Beleg für die nicht vorhandene Biegung des Rumpfes! Fast alle in den vorhergehenden Kapiteln beschriebenen positiven, gymnastizierenden Effekte korrekt ausgeführter Seitengänge bleiben in solchen Fällen aus.

Falsch verstandene Biegung im Schulterherein

Der Entwicklung eines korrekten Schulterhereins ist nach erfolgreicher Biegung eines Pferdes auf einem Hufschlag sehr viel Zeit zu widmen. Es stellt eine Schlüssellektion für alle Seitengänge und natürlich die weitere gymnastische Durchbildung des Pferdes dar. Ohne korrektes Schulterherein gibt es weder ein vollständig durchlässiges noch ein korrekt versammeltes Pferd.

Es ist daher äußerst wichtig, diese Lektion langsam und richtig zu entwickeln. Fehler sollten vermieden werden!

Bei dem Versuch, ein nicht balanciertes Pferd mit verspanntem Rücken in ein Schulterherein zu führen und damit zu biegen, würde es unweigerlich seine Hanken versteifen, den Rücken innen anheben (hoch schieben) und seinen Reiter nach außen setzen. Es widersetzt sich der eigentlichen Wirkung des

Seitenganges, der korrekten Rumpfbiegung und damit dem Nachgeben des inneren Hinterfußes in den Hanken, weil ihm dies aufgrund seiner Verspannung anatomisch nicht möglich ist!

Nicht wenige Autoren früherer und auch heutiger Zeit empfehlen sogar, sich im Schulterherein grundsätzlich (nicht nur ausnahmsweise bei der Schulung eines jungen Pferdes) nach außen, also gegen die Biegung des Pferderumpfes, zu setzen.

Es werden dort das Unvermögen zu Biegen und die Konsequenzen daraus zur Lehre erhoben. Alleine aus dieser Forderung ist abzulesen, dass das Wesen der Biegung und damit der Versammlung bei diesen Autoren nicht verstanden oder ein völlig anderes ist. Eine korrekte Biegung hat ein Absenken der inneren Hüfte, welches mit vermehrtem Vortritt unter den Schwerpunkt des inneren Hinterfußes verbunden ist, zur Folge. Ganz automatisch wird der Reiter dadurch nach innen gesetzt – ein nach außen setzen wird ihm dabei vom Pferd beinah unmöglich gemacht oder kann nur mit einem verdrehten Oberkörper oder einer eingeknickten Hüfte erfolgen. Gravierende Sitzfehler, die jeder Ausbilder leicht sehen und versuchen wird, diese zu beheben.

Geht ein Pferd in dem beschriebenen „falschen" Schulterherein, entsteht eher der Effekt, dass es mit der Kruppe hin und her kippt. Dies entsteht leicht bei Pferden mit kurzen Rücken, denen eine Rumpfbiegung natürlicherweise schwerfällt. Pferde, die wie beschrieben zwar locker im Rücken (meist sind diese Pferde im Bereich der Lendenwirbelsäule fest), jedoch nicht losgelassen im Sinne der Reitlehre sind, bewegen sich dann mit hin und her kippender Kruppe und weichen dadurch dem eigentlichen Effekt des korrekten Seitenganges aus. Da ein in einem Arbeitsgleichgewicht gehendes Pferd im Idealfall im Lendenbereich der Rückenmuskulatur locker sein kann, kann es anders als der Spannrückengänger das Becken in einer Seitwärtsbewegung einfach hin- und herkippen lassen. Es wackelt gewissermaßen mit dem „Hinterteil". Der Reiter bleibt gerade auf einem sich nicht oder kaum bewegenden Rücken sitzen. Es findet keine Hankenbeugung statt, das Pferd läuft einfach auf einer gebogenen Linie oder es läuft schräg.

Zur Klarstellung sei hinzugefügt: Das korrekt gebogene Pferd senkt des Becken innen in die Biegung ab und bringt den inneren Hüfthöcker leicht nach vorne. Der Reiter sitzt geschmeidig, der Sitz sinkt innen in die Biegung leicht ab.

Das verspannt gehende Pferd schiebt in der Regel je nach Qualität des Gleichgewichtsverlustes in der Biegung oder einem sogenannten Seitengang einfach das Becken innen hoch. Der Reiter wird von dem steifen, nicht in den Hanken zu biegenden Hinterbein angehoben, er sitzt innen höher, das Pferd geht auf der Vorhand.

Im Galopp verstärken sich die negativen Symptome, die Pferde fallen in den Viertakt, weichen mit der Hinterhand aus und können sich zum Beispiel im Außengalopp nicht mehr tragen. Es wird von manchen Autoren und Trainern behauptet, man könne im Galopp kein Schulterherein reiten – was für Pferde in diesem (mangelnden) Gleichgewicht durchaus zutrifft!

„Falsche Biegung" – die hohle Seite des schiefen Pferdes

Eine weitere Kernaussage der Klassischen Reitlehre ist es, die sogenannte „falsche Biegung", also die durch die hohle Seite eines schiefen Pferdes vorgetäuschte Biegung, nicht annehmen zu dürfen. Außerdem wird in dem Zusammenhang regelmäßig eindringlich darauf hingewiesen, dass der Hals vor dem Widerrist „festzustellen", also nicht nach links und rechts zu lockern, sei. Es ist vielmehr von großer Bedeutung, einen „nach innen fallenden" Hals zu verhindern, um das Pferd später geraderichten und korrekt biegen zu können.

Viele Reiter, besonders die wenig erfahrenen, sind leicht durch Repräsentanten anderer Reitweisen als die von der FN vertretene zu beeinflussen. Es werden dort immer wieder Prinzipien aus der Gebrauchsreiterei als bindend gültige Tatsachen dargestellt, die jedoch einer Ausbildung auf der Basis der Richtlinien diametral widersprechen. Eine Vermischung dieser teilweise grundsätzlichen technischen Ausbildungsdetails führt oft zu großen Problemen bei Reitern und Pferden. Dazu zählt häufig das extreme Abstellen des Halses im Bereich des Halsansatzes. Auch manche Reiter, die sich keiner bestimmten Schule oder Tradition verbunden sehen, reiten regelmäßig mit starker

Das linkshohle Pferd wird hier nicht gebogen, sondern in der „falschen" Biegung manifestiert.

Halsabbiegung (in der Regel nach innen gebogen, manchmal auch starke Außenabbiegung). Die Wirbelsäule weist in diesen Fällen aus der Vogelperspektive betrachtet einen Knick vor dem Widerrist auf. Das heißt, die gleichmäßige Richtung der Wirbelsäule vom Genick bis zum Kreuzbein ist vor dem Widerrist unterbrochen. Der Energiefluss, der Fluss der Schubkraft aus der Hinterhand durch die Wirbelsäule bis hin zum Genick wird unterbrochen beziehungsweise verhindert. Ein solches Pferd kann niemals sein Gleichgewicht finden oder gar schwungvoll und durchlässig werden. Wohingegen ein Pferd, das sich eher laufend fortbewegt, durch einen losen Hals wenig oder nicht gestört werden muss.

Für den Reiter zeigt ein mit nach innen abgebogenem Hals gehendes Pferd zunächst besonders auf der hohlen Seite ebenfalls einen innen abgesenkten Rumpf, welcher, wie beschrieben, auch ein essentieller Bestandteil korrekter Biegung ist. Dieser Zustand vermittelt dem wenig erfahrenen Reiter dadurch das Gefühl, als säße er auf einem korrekt gebogenen Pferd. Der Reiter eines derart falsch gebogenen Pferdes wird auch *„mit sanftem Hang nach innen"* (Gustav Steinbrecht in *Das Gymnasium des Pferdes*) gesetzt. Es besteht jedoch ein ganz entscheidender Unterschied zur korrekten Biegung: Die Pferde fallen in solch einem Fall zwangsläufig immer über die äußere Schulter aus! Dadurch wird der gewünschte Effekt, das Absenken des inneren Hüftgelenks und somit eine Gymnastizierung der Hanken des inneren Hinterbeines und die Stärkung der Tragkraft verhindert. Diese Pferde weichen mit dem inneren Hinterbein nach innen und mit der äußeren Schulter nach außen aus. Die hier ebenfalls stattfindende Rumpfrotation führt nun nicht nur nicht zu einem Absenken der inneren Hüfte sondern gleichzeitig zu einem Anheben der äußeren Schulterpartie nach oben/außen und damit auch zu einem Ausfallen des inneren Hinterbeines.

Übertriebenes Schenkelweichen

Als große potentielle Gefahren auf dem Weg zur korrekten Anlehnung und zur richtigen Biegung möchte ich erstens die übertriebene Ausführung jedweder Bodenarbeit, das Annehmen der vermeintlichen, sogenannten falschen Biegung und das übertriebene Anwenden von Schenkelweichen ansprechen.

Meiner Meinung nach sollte sich die Bodenarbeit auf die Gewöhnungsphase des Pferdes beschränken. Sie sollte der Schulung des Pferdes dienen, es auf ein erstes Aufsitzen und die beginnende Arbeit unter dem Sattel vorbereiten. Als Ausnahmen zählen hier die Arbeit an der Hand und am Langen Zügel, die Fachleuten vorbehalten sind, um bestimmte Nischen zu füllen und/oder höhere Versammlung vom Boden aus zu erarbeiten. Aus meiner Sicht sind diese Methoden nicht für den Durchschnittsreiter geeignet. Besonders dann nicht, wenn dort aufgrund fehlender Erfahrung oder fehlender Eignung der Reiter aus Angst vor dem Reiten lieber am Boden arbeitet. Ohne solide Kenntnisse in Pferdeausbildung unter dem Sattel sollte man den Pferden diesen Schritt ersparen!

Die Erarbeitung des Arbeitsgleichgewichtes unter dem Sattel (Takt, Losgelassenheit, Anlehnung) sollte immer als erstes Ausbildungsziel auf dem Plan stehen. Vor diesem Hintergrund steht ein taktsicheres Vorwärtsreiten sehr früh auf dem Ausbildungsplan.

Zu frühes vor allem übertriebenes Seitwärts, das häufig von noch unerfahrenen Reitern vom Boden aus oder unter dem Sattel praktiziert wird, nimmt dem Pferd seinen extrem wichtigen Vorwärtsimpuls. Derartig vorbereitete Pferde treten oftmals nicht mehr willig an die Hand heran, verkriechen sich später leicht hinter dem Zügel und sind nur schwer vor den treibenden Schenkel zu bekommen. In diesem Zusammenhang sieht man außerdem häufig ein extremes Verbiegen der Pferdehälse zu beiden Seiten. Die Hälse

Bewegungsrichtung sowie Genick- und Halsposition passen weder zu einem Schenkelweichen noch zu einem Seitengang. Das Pferd hat den Rücken nach unten verloren.

werden vor dem Widerrist zu stark gelockert, sodass der Energiefluss vom Kreuzbein zum Genick unterbrochen wird. Als Ergebnis fallen diese Pferde wie oben dargestellt dann gerne über die äußere Schulter aus. Eine klassische Ausbildung wird hierdurch massiv erschwert!

Natürlich gibt es auch sehr gute Ausbilder, die ihre Pferde im Sinne der Klassischen Reitweise am Boden ausbilden. So manchem Pferd fällt es an der Hand anfangs leichter, die Seitwärts-Bewegung überhaupt zu verstehen. Ich möchte nur warnen vor allem Übertriebenen, was unkritisch übernommen wird und dann schnell zu falscher Ausbildung und gesundheitlichen Schäden beim Pferd führen kann.

Außerdem ist ein zu starkes Übertretenlassen (Schenkelweichen) am Boden oder unter dem Sattel sehr gefährlich, da auf diese Weise das Ausfallen des Pferdes mit der Hinterhand, besonders dem äußeren Hinterbein, manifestiert wird. Es lernt, konsequent am Schwerpunkt vorbeizutreten. Das Übertretenlassen, besonders auf gebogener Linie, sollte nur für kurze Zeit zur Erlangung der notwendigen Sensibilität auf den seitwärts treibenden Schenkel praktiziert werden. Es kann vorübergehend bei der Korrektur verrittener Pferde eine wichtige Rolle spielen.

Ist die gewünschte Schenkelempfindlichkeit und -akzeptanz erlangt, sollte auf die Übung Schenkelweichen so schnell wie möglich verzichtet werden. Die Wirksamkeit des biegenden inneren Schenkels kann nur erreicht werden, wenn der äußere Schenkel das entsprechende Hinterbein sicher kontrolliert und am Ausfallen hindert, das Pferd aber sensibel auf den inneren Schenkel reagiert.

Bei der korrekten Biegearbeit spielt der äußere Schenkel des Reiters mit dem Fortschritt der Ausbildung des Pferdes eine zunehmend größer werdende Rolle. Die äußeren Hilfen (äußerer Schenkel – äußerer Zügel) wirken gemeinsam gewissermaßen verhaltend gegen den aktiven inneren Schenkel. Auf diese Weise entsteht die direkte oder die Biegung zweiten Grades.

Grundsätzlich ist im ersten Ausbildungsjahr, bevor mit dem Biegen begonnen werden kann, konsequent darauf zu achten, dass sich das Pferd sicher vor den treibenden Schenkelhilfen befindet. Auch diese Tatsache wird mit zunehmendem Fortschritt der Ausbildung immer wichtiger.

Der korrekte Reitersitz

und seine Bedeutung für

Stellung und Biegung

Die weiter oben mehrfach betonte Bedeutung eines korrekten, geschmeidigen Balancesitzes ist für die weitere Ausbildung eines Pferdes unverzichtbar. Erst die vollkommene Losgelassenheit des Reiters ermöglicht es ihm, mit absolut unabhängiger Hand in feiner Abstimmung mit dem Schenkel vor der sicheren Basis des Sitzes so einzuwirken, dass beim Pferd keine Abwehrspannungen gegen die Reiterhilfen entstehen.

Der aufrecht getragene Oberkörper mit nach vorne gerichtetem Blick, gewölbter Brust, losgelassenen Schultern und geschmeidiger Lendenwirbelsäule schwingt mit der Bewegung des Pferderückens.

Dr. Reiner Klimke auf Mehmed in Aachen 1970. Gut sind der losgelassene Sitz des Reiters und der unverkrampft anliegende Oberschenkel zu erkennen.

Stellung und Biegung aus der Sicht des Reiters

Gerade die Ausbildung eines jungen Pferdes sollte ausschließlich von einem erfahrenen Reiter erfolgen. Nur ein vollständig ausbalancierter Sitz ermöglicht es, einem frisch angerittenen Pferd sein Gleichgewicht wiederzugeben. Umgekehrt lässt sich sagen, dass es einem Pferd schlicht unmöglich ist, sein Gleichgewicht erneut zu finden, wenn der Reiter nicht einmal sein eigenes auf dem Pferderücken gefunden hat. Ein Reiter mit muskulären Verspannungen im Rumpf (Schultergürtel, Rücken, besonders Lendenbereich) oder im Sitztunnel (zum Beispiel Gesäßmuskeln, Adduktoren des Oberschenkels) kann unmöglich erwarten, dass sein junges Pferd seine Zwanglosigkeit im Trab und später im Galopp findet. Nicht nur der aufrechte, absolut unverspannte ausdrucksvolle

Balancesitz sollte zur Grundlage der reiterlichen Fähigkeiten gehören, auch der leichte Sitz in allen Variationen muss beherrscht werden. Häufig ist der leichte Sitz das Mittel der Wahl für den Reiter, um auf eine eventuelle Störung des Gleichgewichts bei einer Remonte oder einem Korrekturpferd zu reagieren. Jedes Pferd sollte regelmäßig flott im Gelände vorwärts galoppiert werden, auch das ist nur im leichten Sitz möglich!

Aus dem korrekten Balancesitz ergibt sich bei passender Bügellänge die richtige Schenkellage. Sie sollte sich aus dem locker aus dem Hüftgelenk fallenden Bein ergeben. Im Idealfall liegt der innere, vorwärts treibende Schenkel direkt hinter dem Sattelgurt. Nur dort, noch im Bereich der Tragerippen (die ersten acht Rippen sind mit dem Brustbein verbunden) kann der Schenkel entsprechend wirken. Der biegende Schenkel liegt kaum realisierbar weiter hinten, ebenfalls noch im Bereich der Tragerippen. Nur der verwahrende äußere Schenkel liegt (etwa eine Hand breit weiter hinten) im Übergang der Tragerippen zu den Atmungsrippen. Man bedenke, dass die letzten zehn Rippen frei enden und nicht direkt mit dem Brustbein verbunden sind. Eine Knorpelspange stellt diese Verbindung her.

Korrekte Stellung kann nur entwickelt werden, wenn der Reiter im diagonalen System der Hilfen einwirkt. Um das Pferd im Genick zu stellen, setzt sich der Reiter sanft vermehrt auf den Gesäßknochen, auf der Seite, auf der er sein Pferd stellen möchte. Der dann zum inneren gewordene Schenkel (und eventuell der Sporn) wirkt an der beschrieben Stelle, nahe am Gurt vermehrt ein, bis der Reiter spürt, dass der innere Zügel leichter wird. Der äußere Schenkel verhindert gleichzeitig in verwahrender Position ein Ausweichen des Pferdes. Sobald das Pferd am inneren Zügel reagiert, leichter wird und im Idealfall kaut, gibt der Reiter gefühlvoll und kontrolliert am äußeren leicht nach. Die Stellung im Genick entsteht.

Gibt das Pferd dann ebenfalls am inneren Schenkel nach, das heißt, es wird weich am inneren Schenkel, so geht die Stellung im Genick mit gleicher Einwirkung in Biegung über. Der Reiter muss dann dem Grad der Biegung die Position des äußeren Schenkels und das Maß des Nachgebens am äußeren Zügel anpassen. Weder Stellung noch Biegung dürfen die Vorwärtsbewegung so beeinträchtigen, dass das Pferd hinter den treibenden Schenkel kommt. Wird es deutlich langsamer, muss es geradeaus gerichtet und vermehrt vorwärts geritten werden.

Das korrekt gestellte Pferd bleibt im Rumpf in sich gerade, die Hinterhufe folgen der Fußungslinie der Vorderbeine. Lediglich das innere Auge auf der gestellten Seite wird sichtbar und der Mähnenkamm kippt zur gestellten Seite. Die Anlehnung am äußeren Zügel wird präzisiert und sicher, der innere Zügel wird leichter und sehr fein. Er kann sich um die „Feinabstimmung" (Maulpflege) kümmern. Das Pferd sollte kauen.

Beim gebogenen Pferd kommt die Absenkung des Rumpfes innen hinzu, was der Reiter mit einem leichten Absinken des Sitzes

Mit der richtigen Bügellänge kann das Bein des Reiters locker aus der Hüfte heraus auf den Bügel fallen. Der Absatz kann dann nach unten federn. Die Wade wird sich als Folge rhythmisch anspannen und korrekt einwirken.

auf der hohl gebogenen Seite wahrnimmt. Er fühlt die größere Abfußungsdynamik des inneren Hinterfußes, der sich durch die dargestellten Effekte in den Hanken, abhängig vom Grad der Biegung, zunehmend mehr beugt. Biegung ist Versammlung und erzeugt Dynamik, Schwung, Trag- und auch Schubkraft!

Ein sich korrekt biegendes Pferd wird schöner an der Hand, weicher zu sitzen, durchlässiger und ausdrucksstärker in den schwunghaften Gangarten. Es entsteht Durchlässigkeit auf immer höherem Niveau. Die Biegung ist der Weg zur wahren und vollständigen Losgelassenheit und vollendeten Selbsthaltung!

Die richtige Bügellänge – die „Umarmung" des Pferdes durch den Schenkel des Reiters

Eine korrekte Bügellänge ist die Voraussetzung für jeden ausbalancierten und geschmeidigen Reitersitz. Nur ein Kniewinkel, bei dem das Knie immer flach anliegen kann (keine Außenrotation von Oberschenkel und Knie), erlaubt dem Reiter mit der Innenseite der Wade einen gleichmäßigen geschmeidigen Kontakt zum Pferderumpf. Allein der anliegende Schenkel mit seinen entsprechenden Wirkungsweisen sichert die richtige Position des Pferderumpfes, die eines der Elemente, wenn nicht das entscheidende Element für die Entstehung und den Erhalt des Gleichgewichts eines Pferdes unter dem Sattel darstellt. Neben dem ausbalancierten Oberkörper, der weder vor noch hinter der Bewegung sein darf sowie einer korrekten Gewichtsverteilung des Reiters sorgt vor allem der anliegende Schenkel für den entsprechenden Vorwärtsimpuls des Pferdes und die benötigte Aktivierung der unteren Muskelkette, die den Rumpf zwischen den Schulterblättern ins Gleichgewicht hebt. Wobei mit Anliegen kein dauerhafter Druck gemeint ist, sondern ein „Atmen" des Unterschenkels, der im Rhythmus mit der Bewegung des Pferdes am Rumpf einmal etwas mehr Druck erhält und ausüben kann, einmal etwas weniger.

Verhindert würde diese Wirkung durch einen dauerhaft angespannten Schiebesitz oder/und durch einen zwar anliegenden, aber klemmenden Reiterschenkel.

Auch kann nur ein korrekt liegender Schenkel überhaupt korrekt vorwärts treibend, verwahrend, seitwärts treibend oder biegend wirken!

Meiner Meinung nach ist ein Bild für die praktische Umsetzung für das Maß des richtigen Schenkel-„Drucks" am Pferdeleib die beste Erklärung. *Die H.Dv.12* stellt auf Seite 115/116 klar, dass die vorwärtstreibende Schenkelhilfe das erste und wichtigste Erfordernis ist, will man ein Pferd korrekt ausbilden:

„Die ersten Hilfen, denen das folgen lernen muss, sind die vortreibenden. Der Gehorsam auf diese Hilfen ist die Grundlage für die gesamte weitere Bearbeitung des Pferdes. Durch die vortreibenden Hilfen wird zunächst die Schubkraft der Hinterhand entwickelt. Das Pferd tritt an den Zügel heran, […]"

Wie groß sollte nun dieser Schenkeldruck sein?

Wie vermittelt man einem Schüler das Gefühl für den konsequent vorwärts treibenden (und balancierenden) Schenkel?

Ich erkläre es so, dass ich mit dem Bild einer „Umarmung" des Pferderumpfes, möglichst tief unten am Rumpf, arbeite. Die Umarmung eines geliebten Menschen kann intensiver oder leichter und sensibler ausfallen, sie ist aber nie grob, einengend oder gar quetschend! Auch eine intensive Umarmung und vielleicht gerade die, ist sehr intensiv und ausdrucksstark. Ebenso sollte der Kontakt des Reiterschenkels mit dem Pferd sein!

Nur ein Pferd, welches vor und am Reiterschenkel ist, kann auch am Zügel sein. Nur ein vorwärts schwingendes Pferd kann zur Losgelassenheit und zu einer korrekten Anlehnung finden!

Um das oben genannte Gebrauchs- oder Arbeitsgleichgewicht (Takt, Losgelassenheit, Anlehnung) bei einem klassisch ausgebildeten Pferd erreichen zu können, muss sich der Reiter mit angemessenem Kniewinkel entspannt auf seinem Gesäß niederlassen und seinen Unterschenkel geschmeidig am Pferderumpf anlegen können. Es muss genügen Platz für das Knie vorhanden sein. Damit dies der Fall ist, muss der Sattel nicht nur dem Pferd, sondern auch dem Reiter und dessen Oberschenkellänge angepasst werden.

Der Oberschenkel sollte entspannt dem Pferderumpf anliegen können, er darf niemals klemmen. Die Position des Oberschenkels muss ein vollständig entspanntes

Hüftgelenk beim Reiter erlauben. Erst dann kann dieser in der Bewegung des Pferdes geschmeidig mitschwingen.

Mögliche Sitzfehler aufgrund einer falschen Bügellänge

In diesem Zusammenhang muss darauf hingewiesen werden, dass zu lange Steigbügelriemen, also ein übertrieben langes Bein beim Reiter, korrekte Schenkelhilfen unmöglich machen. Eine Bügellänge wie in den Gebrauchs- oder Arbeitsreitweisen oft üblich (fast vollständig gestrecktes Kniegelenk des Reiters), würde bei der Ausbildung eines klassisch ausgebildeten Pferdes („Gleichgewichtspferdes“) beim Reiter immer zu einem weggestreckten Unterschenkel und als Folge zu einem Gleichgewichtsverlust beim Pferd führen. Der Rücken würde absinken, ein Schenkelgänger entstehen.

Neben den direkten negativen Effekten eines zu langen Bügels auf das Pferd entstehen ebenfalls indirekt negative Auswirkungen, da ein zu langer Bügel das Hüftgelenk des Reiters in einer fast maximalen Streckposition fixiert und damit auch den Lendenbereich des Reiters durch eine Überstreckung unbeweglich macht. Ein wichtiges Kennzeichen eines losgelassen gehenden Pferdes ist die rhythmische Schwingung des Pferderückens. Nur ein freies Hüftgelenk beim Reiter und eine geschmeidige Lendenwirbelsäule erlauben es, auf diese Schwingung des Pferdes (Losgelassenheit) einzugehen. In den meisten Arbeits- oder Gebrauchsreitweisen weisen die Pferde aus praktischen Gründen eine nur minimale Schwingungsamplitude auf, dies ist ein Grund, weshalb ein solcher Pferderücken auch mit extrem getrecktem Bein bis hin zum Spaltsitz ausgesessen werden kann.

Wird eine derartige extreme Schenkellage durch eine zu mächtige und falsch positionierte Pausche am Sattelblatt gewissermaßen erzwungen, das Knie und der Oberschenkel damit in eine extreme Streckposition gebracht, so sind damit ein geschmeidiger Sitz und ein korrekt liegender Unterschenkel mit entspannter Oberschenkelmuskulatur nicht mehr möglich. Aus meiner Beobachtung ergeben sich besonders häufig bei langbeinigen Reitern (Reitern mit langem Oberschenkel) in vielen „modernen“ Dressursätteln extreme Schwierigkeiten. Der Spaltsitz mit weggestreckten Unterschenkeln wird gewissermaßen vom Sattel erzwungen.

Ein zu steiler Oberschenkel führt, wie oben erwähnt, zu einem überstreckten Hüftgelenk und somit beim Reiter zu einem Hohlkreuz – also dem Spaltsitz! Ein korrekt anliegender Unterschenkel (Waden) am Pferderumpf ist im Spaltsitz unmöglich.

Merke

Der korrekte und geschmeidige Balancesitz des Reiters ist die Grundvoraussetzung für ein im Gleichgewicht gehendes Pferd.

Quellenverzeichnis

Albrecht, Kurt: *Ausbildungshilfe für Pferd und Reiter.* WuWei Verlag, 2008

Albrecht, Kurt: *Dressurlehre für Reiter und Richter.* Müller Rüschlikon Verlag, 1989

Albrecht, Kurt: *Meilensteine auf dem Weg zur Hohen Schule.* Olms Verlag, 2003

Bammes, Gottfried: Große Tieranatomie. Ravensburger Verlag, Nachdruck WuWei Verlag 2010

Bürger, Udo: *Vollendete Reitkunst.* Paul Parey Verlag, Berlin, Hamburg, 1966

Croix, Otto de la: *Natürliche Reitlehre.* Nachdruck von 1913, Olms Presse, Hildesheim, Zürich, New York, 1989

Deutsche Reiterliche Vereinigung: *Richtlinien für Reiten und Fahren,* Band 1. , FNverlag, Warendorf, 2012 (Ausgaben 1962, 1969, 1971, 1972, 1974, 1976, 1994)

Dorrance, Tom: *True Unity.* (Milly Hunt Porter), Give-It-A-Go Enterprises, 1987

Glan, Erich: *Reitkunst am Scheideweg.* Erich Hoffmann Verlag, Heidenheim, 1956

Guérinière, François Robichon de la: *École de Cavalerie.* 1933, *Schule der Reitkunst.* Übersetzt von Rolf Roeingh, Deutscher Archiv Verlag, 1942

Holleuffer, Bernhard Hugo von: *Die Bearbeitung des Reit- und Kutschpferdes zwischen den Pilaren.* Nachdruck 1985, Georg Olms Presse, Hildesheim, Zürich, New York; 2. Reprint Hildesheim 1999

Karl, Philippe: *Irrwege der Modernen Dressur.* Cadmos Verlag, 2006/2007

Mairinger, Franz: *Reitkunst in Vollendung.* Müller Rüschlikon Verlag, 1991

Müseler, Wilhelm: *Reitlehre.* 31./32. Auflage, Paul Parey Verlag, 1950

Neindorff, Egon von: *Die reine Lehre der klassische Reitkunst.* Cadmos Verlag, 2005

Podhajsky, Alois: *Die klassische Reitkunst.* Rowohlt Verlag, 1980

Podhajsky, Alois: *Die Klassische Reitkunst.* Nymphenburg Verlagshandlung GmbH, München, 1965

Putz, Michael: *Reiten mit Verstand und Gefühl.* FN-Verlag, 2012

Redwitz, Max Freiherr von: *Die deutsche Reitvorschrift 1912 im Lichte der Reitkunst.* Erstes Heft: *Die Seitengänge.* Zweites Heft: Die *Grundsätze der Dressur.* Georgi GmbH, Aachen, 1987 (Original 1914)

Reitvorschrift. Verlag Mittler und Sohn, Berlin, 1912 (1926,1932,1937)

Seunig, Waldemar: *Marginalien zu Reiter und Pferd.* Erich Hoffmann Verlag, Heidenheim, 1961

Seunig, Waldemar: *Meister der Reitkunst und ihre Wege.* Paul Parey Verlag, 2. Auflage, 1981

Seunig, Waldemar: *Von der Koppel bis zur Kapriole.* Sankt Georg Erna Marschall Verlag, Berlin W35, 1943, hier: Nachdruck, Olms Verlag, Hildesheim Zürich New York, 2001

Steinbrecht, Gustav: *Gymnasium des Pferdes.* 8. Auflage, Dr. Rudolf Georgi Verlag, Aachen, 1973

Stensbeck, Oskar Maria: *Reiten.* Paul Parey Verlag, 1931

Stensbeck, Oskar Maria/Dreyhausen, Gustav von/Walzer, Julius: *Grundzüge der Reitkunst.* Olms Presse, 1983

Stodulka, Robert: *Das Phänomen François Baucher.* WuWei Verlag, 2009

Wätjen, Richard: *Die Dressur des Reitpferdes für Turnier und Hohe Schule.* Paul Parey Verlag, Berlin, 3. Auflage, 1936

Ziegner, Kurd Albrecht von: *Elemente der Ausbildung.* Cadmos Verlag, Brunsbek, 2001

Zietzschmann, Otto/Bürger, Udo: *Der Reiter formt das Pferd.* Nachdruck von 1939, FN Verlag, 1987

Impressum

Copyright © 2015 by evipo Verlag, Nicole Künzel, Burgwedel
Gestaltung und Satz: Designatelier Christine Orterer
Titelillustration: Susanne Retsch-Amschler
Titelfoto: Kathrin Hester
Fotos Innenteil:
Archiv Menzendorf – Leihgabe Niedersächsische Sparkassenstiftung und Kreissparkasse Verden im Deutschen Pferdemuseum S. 2, erstes Foto links, 5. Foto von links; S. 3, drittes von links; S. 7, 8, 9, 10, 18, 29, 67, 68, 82, 96
Kathrin Hester S. 3, erstes und zweites von links; S. 5, S. 15 rechts; 24, 26, 60, 66, 99
Dr. med. vet. Gerd Heuschmann S. 28, 46, 50, 54, 62
Anke Panzner S. 2, zweites Foto von links, S. 21
Gabi Schürmann S. 38, 91
Christiane Slawik S. 16, 52, 86, 93, 95
Antje Wolff S. 3, rechts; S. 15 links, 23, 65, 79
Christine Orterer S. 46 kleine Zeichnung
Illustrationen im Innenteil: Susanne Retsch-Amschler
Lektorat: Christa-Maria Ossapofsky
Druck: Finidr, s.r.o., Czech Republic

Die Deutsche Nationalbibliothek verzeichnet diese Publikation in der Deutschen Nationalbibliografie; detaillierte bibliografische Daten sind im Internet über http://dnb.ddb.de abrufbar.

Printed in Czech Republic, 3. Auflage 2016
ISBN: 978-3-945417-07-2

Unser ***evipo Verlagsteam*** vereint Fachkompetenz, Engagement und Erfahrung! Fachlich hochqualifiziertes und anspruchsvolles Wissen, unterhaltsame Anekdoten, ausgezeichnete Fotografien und Illustrationen, ein wunderbares Layout und eine ausgesuchte Druckqualität zeichnen all unsere Bücher aus, die ab Herbst 2014 im *evipo Verlag* erscheinen. Fachwissen kompakt bieten die Bände *Unserer kleinen Reihe*, die mit 72 Seiten praktisch für unterwegs sind. Große Fachbücher ab 96 Seiten werden sich ausführlicher mit verschiedenen Themen des feinen Reitens und mit der Zusammenarbeit mit Pferden auseinandersetzen. Wunderschöne Bildbände mit faszinierenden Fotografien und anspruchsvollen kürzeren Texten runden das Angebot des *evipo Verlages* ab.

Fachbuch

Mit Kerstin Brein auf dem Weg zur Freiheit

von Nicole Künzel
ca. 96 Seiten, 26x21cm
Hardcover
ISBN 978-3-945417-00-3
Preis: 29,90 €

Bildband

Sinnbild einer Leidenschaft –
Der Lusitano im Spiegel unserer Reitkultur
von Dr. Birgit Vock-Wannewitz
80 Seiten, 21 x 26 cm
Hardcover
ISBN: 978-3-945417-04-1
Preis: 24,80 €

Der Lusitano – eine der schönsten Pferderassen der Welt

- Die einmaligen und atemberaubenden Fotografien der Amerikanerin Amy Riley zeigen die Anmut und die Schönheit der Lusitanos sowie ihre Verbundenheit mit den Menschen.

Der Lusitano ist ein Sinnbild für Schönheit, Leidenschaft und Eleganz. Seine ausgezeichneten Reiteigenschaften, seine Leistungsbereitschaft, sein Ehrgeiz und der unbedingte Wille, für seinen Menschen, dem er vertraut, alles zu geben, lassen ihn für uns zum Spiegel unserer Reitkultur werden. Dr. Birgit Vock-Wannewitz möchte Sie mit diesem Buch in die Welt Portugals mit seiner faszinierenden Pferderasse entführen.

Unsere kleine Reihe

Unsere kleine Reihe bietet Ihnen im handlichen Format fundiertes Wissen unserer hochqualifizierten Fachautoren. Eine laufende Nummer auf jedem Buch erleichtert das Sammeln, denn in dieser kleinen Reihe widmen wir uns vielen Themen rund um die Pferde, das Reiten und die Freude, die uns mit diesen Tieren verbindet. Sammeln lohnt sich also und treuen Sammlern winkt eine Prämie, über die wir Sie, unsere Leser, natürlich rechtzeitig informieren.

Gut gemacht!

von Marlitt Wendt
72 Seiten, 15x19 cm
Broschiert
ISBN 978-3-945417-01-0
Preis: 10,95 €

Vorhang auf!

von Andrea Schmitz
72 Seiten, 15x19 cm
Broschiert
ISBN 978-3-945417-02-7
Preis: 10,95 €

Voller Vertrauen

von Cornelia Weidenauer
72 Seiten, 15x19 cm
Broschiert
ISBN 978-3-945417-03-4
Preis: 10,95 €

Mit beiliegendem 28-seitigen Kinderteil!

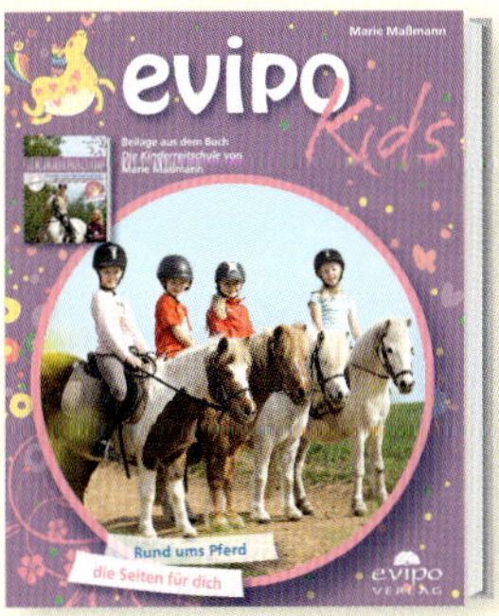

Die Kinderreitschule

von Marie Maßmann
72 Seiten,15 x19 cm
Broschiert
ISBN 978-3-945417-05-8
Preis: 12,95 €

Stress lass nach!

von Marlitt Wendt
64 Seiten, 15x19 cm
Broschiert
ISBN 978-3-945417-06-5
Preis: 10,95 €

evipo
VERLAG

Erfolgstagebuch

Think positive! Mit dem „Erfolgstagebuch – ein Wegbegleiter mit Sinn und Verstand" der Pferdepsychologin Caroline Sperling kann das positive Denken täglich trainiert werden.
Das liebevoll gestaltete Erfolgstagebuch von Caroline Sperling überrascht auf jeder Seite mit ermunternden bis philosophischen Wochenzitaten und liebevoll ausgewählten Pferdefotografien.
Auf 128 Seiten kann jeder Reiter seine Erfahrungen, Erlebnisse und Lernfortschritte für jeden Tag in der Woche notieren und am Ende der Woche eine Conclusio daraus ziehen.
So ist es möglich den Umgang mit dem Pferd – sei es vom Boden oder dem Sattel aus – wirklich effektiv und positiv zu gestalten.
Ob für sich selbst oder als charmante Geschenkidee: Das Erfolgstagebuch von Caroline Sperling ist ein wertvoller Wegbegleiter zur positiven Lebenseinstellung.

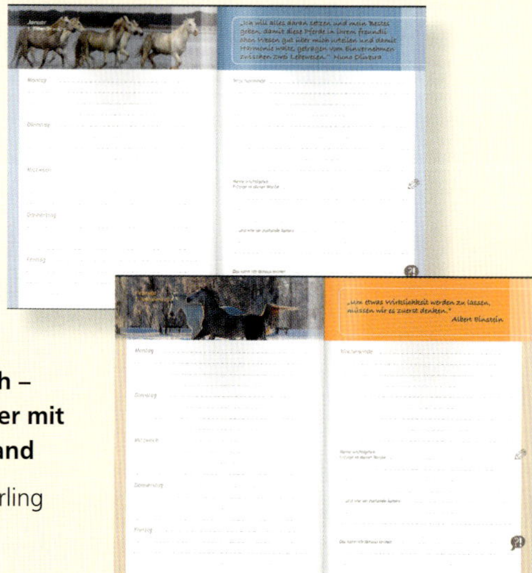

Erfolgstagebuch – ein Wegbegleiter mit Sinn und Verstand

von Caroline Sperling
112 Seiten
Preis 12,80 €

Sonderausgabe

Eleganz im Damensattel

von Nicole Künzel
144 Seiten, 24,6 x 17,6 cm
Hardcover
ISBN 978-3861274742
Preis: ~~29,90 €~~ jetzt 14,80 €

Postkartensets

Postkartenset

10 Postkarten, 12,0 x17,5 cm, Naturpapier
Motiv „Das Schwierigste an der Arbeit mit dem Pferd ist die Arbeit an sich selbst"
Preis 5,00 €

Postkartenset

10 Postkarten, 12,0 x17,5 cm, Naturpapier
Motiv „Beziehung ist der Spiegel indem wir uns selbst so sehen, wie wir sind!"
Preis 5,00 €